知乎

有 问 题 就 会 有 答 案

沙粒、围棋和无穷

[英] 戴维·达林 [英] 阿格尼乔·班纳吉 著

张旭成 韩琨 译

寻找最大数的数学史诗之旅

上海科技教育出版社

图书在版编目（CIP）数据

沙粒、围棋和无穷：寻找最大数的数学史诗之旅 /（英）戴维·达林，（英）阿格尼乔·班纳吉著；张旭成，韩琨译 .—上海：上海科技教育出版社，2023.11

书名原文：The Biggest Number in the World: A Journey to the Edge of Mathematics

ISBN 978-7-5428-8023-9

Ⅰ.①沙… Ⅱ.①戴… ②阿… ③张… ④韩… Ⅲ.①数学史—世界 Ⅳ.① 011

中国国家版本馆 CIP 数据核字（2023）第 152966 号

责任编辑　卢　源　郝　莹
封面设计　木　春

SHALI WEIQI HE WUQIONG: XUNZHAO ZUIDASHU DE SHUXUE
SHISHI ZHILYU

沙粒、围棋和无穷：寻找最大数的数学史诗之旅

[英] 戴维·达林　阿格尼乔·班纳吉　著
张旭成　韩　琨　译

出版发行　上海科技教育出版社有限公司
　　　　　（上海市闵行区号景路 159 弄 A 座 8 楼　邮政编码 201101）

网　　址　www.sste.com　www.ewen.co
经　　销　各地新华书店
印　　刷　三河市兴博印务有限公司
开　　本　890×1240　1/32
印　　张　8.75
版　　次　2023 年 11 月第 1 版
印　　次　2023 年 11 月第 1 次印刷
书　　号　ISBN 978-7-5428-8023-9/O·1191
图　　字　09-2023-0626 号
定　　价　59.80 元

数学研究就像尼罗河，始于细微，终于宏大。

——科尔顿（Charles Caleb Colton）

越接近无穷，越参悟恐惧。

——福楼拜（Gustave Flaubert）

目　录

序　言

　　物理宇宙的浩瀚超乎想象。即使是离我们最近的恒星，距离之遥远也几乎难被任何地球生物所理解。可观测宇宙的边缘离我们大约 460 亿光年（4350 万亿亿千米），更是远得难以置信。不过，我们即将开始的是一次更伟大的远航——不是进入太空深处，而是前往数学宇宙的最远处。

　　一路上，我们会遇到一些非比寻常的想法，它们与我们惯有的思维方式很不一样，因此最大的挑战是找到熟悉的词汇和概念，通过这些词汇和概念搭建起理解的桥梁。我们将远离"故土"，冒险进入迄今为止很少有人亲见或经历过的思想领域。我们追求的，无非是找到数字宇宙的边界。

　　当然了，你可能会认为这样的边界并不存在。数字是无穷尽的，即使我们用 1 后面全是 0 或全是 9 写满这本书，乃至写满一间图书馆所有藏书的每一页每一行，最后你只需要说一句

"加1"，就能得到一个比它更大的数。事实就是如此，数轴延伸至无限远的迷雾中。但正如我们即将发现的那样，寻找终极大数并不囿于缓慢地沿着一条没有尽头的道路一步一步地跋涉。对于经常重复的口头禅"没有最大的数字"，我们还有一些既令人惊讶又令人费解的替代方案，其中一些方案将引导我们涉足有限与无穷之间的幽暗之地，它在很大程度上仍未被探索；另一些方案则将把我们带入实际上平行的数学宇宙，那里有不同的运行规则，我们之前认为牢不可破的知识在那里轻易就会被推翻。

像探索任何未知的领域一样，我们需要做好充分的准备。我们将研究大数的历史，研究它是如何发展到今天的。我们将深入研究一些本身就令人着迷但中学或大学课程鲜少涉及的领域，为之后的伟大探索做准备。

就像登山者试图攀登以前未被征服过的山峰，历史上也有一些数学家曾满怀勇气，试图在巍峨的数字山脉上攀登新的高度。他们往往独自冒险，并不依靠他人智力、道德或经济上的支持来实现自己的雄心壮志。为了比前人走得更远，这些踏上陌生土地的开拓者必须开发新的工具和技术。在他们看来，自己欣赏到的风景如此壮观、令人惊叹，毫不亚于在珠穆朗玛峰或马特洪峰的峰顶看到的胜景。这些就是后文中等待着我们的脑中奇观。

写这本书也有我们个人的原因。数论——特别是研究非常大的数字的数学——一向为班纳吉所热衷。正是这个主题，令班纳吉在整个求学生涯中都为之着迷，最终在 2018 年国际数学奥林匹克竞赛中获得第一名，并入学剑桥。而达林一直致力于寻找向广大读者解释艰深想法的方法。早年间达林在辅导小班纳吉时，就与他建立起了难得的写作伙伴关系，本书就是两人伙伴关系的结晶。

人们普遍有一种看法，即数学是冷酷、严肃的，与人类的真实世界略有疏远，但事实远非如此。数学与音乐和艺术一样，是最具人性光辉的事业之一，它浸透着激情、悲剧和喜剧，充满了浪漫、狂野而精彩的人和不断挑战现状的大胆新颖想法。数学的这种戏剧性，在寻找世界上最大的数这一终极智力挑战中，表现得最为明显。

第 1 章

—

沙粒和星星

01

地球上的沙粒和宇宙中的星星哪个多？在远离人造光的晴朗夜晚，单凭肉眼你至少可以看到一两千颗星星；如果当晚没有月亮而你的视力又特别好的话，你可以看到将近四千颗。一把沙子里的沙粒要比这多得多（见图1-1）。太空之广袤，令人望而生畏。强大望远镜的观测表明，太空包含大量星系，每个星系都拥有数十亿颗星星；我们星球上的沙漠、海滩和海床里都含有大量沙粒，同样令人眼花缭乱。那么，在这场数字游戏中，沙粒和星星谁会胜出呢？

图1-1 利比亚境内撒哈拉沙漠中的沙丘

　　美国夏威夷大学的研究人员在 2003 年的一项研究中估算出，地球上沙粒的数量为 750 亿亿，或者说 75 后面跟着 17 个 0。至于整个可观测宇宙中的星星，他们得出的数字为 700 万亿亿，相当于一颗沙粒对应约一万颗星星。

　　古希腊数学家和科学家阿基米德（Archimedes）也对这类问题感兴趣。公元前 3 世纪，他写了一篇名为《数沙者》（*The Sand Reckoner*）的短文给锡拉库萨（又译作叙拉古）国王革隆（Gelon）。这篇面向非专业人士的短文既准确又清晰，也被认为是第一篇研究说明性论文。阿基米德在文中提出了一个问题：填满整个宇宙需要多少颗沙粒。

　　当然了，这个问题的答案取决于沙粒的平均大小和宇宙的大小。按照阿基米德非常慷慨（甚至不切实际）的估算，一粒小米粒可以容纳一万颗沙粒，这使得一颗沙粒的大小几乎可以忽略不计。他还估算出，40 粒小米粒并排放在一起，可以达到一根手指的宽度，大约 19 毫米。这样，一个直径为一指宽的球体可以容纳 6.4 亿颗沙粒。

　　阿基米德又根据前辈阿利斯塔克（Aristarchus）的经典日心说，估计了宇宙的大小。在当时的日心说所描述的太空模型中，地球绕太阳运行，恒星固定在一个同样以太阳为中心的球体上，但距离要远得多。当地球从太阳的一侧运行到另一侧时，古希腊人无法辨察出天空中恒星相对位置的任何变化，即所谓的视差，意味着恒星与太阳的距离必须有一个最小值。阿基米德据此估算出了当时已知宇宙的最小可能直径——写成现代单位，大约为 2 光年。

今天，我们可以很容易地通过数学计算得出，要填满一个直径 2 光年的球体需要多少颗阿基米德估算大小的沙粒。答案约为 1 后面 63 个零，也可以紧凑地写成 10^{63}——$10 \times 10 \times 10 \times \cdots \times 10$（有 63 个 10 相乘）。而阿基米德面临的问题是，在他那个时代，还没有我们这种表示大数的简便方法。我们现在使用的从 0 到 9 的阿拉伯数字，大约在其 800 年后才出现（而且还是出现在印度，不是在阿拉伯地区）。位值制记数法，即根据同一符号的不同位置来表示其数量级（例如 30、300 和 3000 中的 3）的方法，彼时在古巴比伦还处于起步阶段，尚未传入古希腊。况且当时还没有指数这样的记数法，即一个数自乘多少次可以写成上标（即 10^{63} 中的 63）。

在阿基米德开始计算宇宙沙粒时，古希腊人还在用字母表中的字母表示数。我们现在的数——1 到 9，10 的倍数（10 到 90）和 100 的倍数（100 到 900），那时都用不同的字母表示。我们熟悉的 24 个希腊字母，从 α 到 ω（今天的希腊语中仍在使用），必须辅以取自更古老的语言和方言中的其他字母，才能提供足够的记号。α 到 θ 代表 1 到 9，ι 到 φ（源自腓尼基语）代表 10 的倍数（10 到 90），ρ 到 ϡ（在爱奥尼亚东部一些方言中使用）代表 100 的倍数（100 到 900）。古希腊人不会在不同的位置重复使用同一个字母，例如，222 会写成 σκβ（＝

200 ＋ 20 ＋ 2）。对于 1000 的倍数（1000 到 9000），一些字母会重复使用，但须另附各种标记。这就是古希腊的记数系统所能达到的极限，除了 murious——它是已定义的最大的单个单位，写作 μ 的大写 M，相当于我们今天的 10 000。罗马人称它为 myriad，这一名称后来被英语吸收，但含义发生了变化，表示"无数的"或非常大（但未定义）的数。

使用上述字母串记数的方法，古希腊人可以写出比 murious 更大的数，但也只能是 M 的倍数。例如，1 234 567 会写成 ρκγM, δφξς（123 × 10 000 ＋ 4567）。但对于超过几亿的数来说，这种记数法很快就乏力了。

阿基米德意识到，要表示他在计算宇宙沙粒时所产生的那种巨大的数，必须想出一套全新的数字命名系统。阿基米德首先将所有不超过 myriad myriad 的数定义为"第一阶"的数，然后从这里开始无限延续下去。对我们来说这似乎并不是一个很大的进步，因为我们可以很容易地将 myriad myriad 写成 $10^4 \times 10^4$，也就是 10^8（1 亿）。但是阿基米德开始他的大数项目时，并没有指数记数法，用指数来表示一个数自乘次数。

在将所有不超过 myriad myriad 的数定义为第一阶的数之后，阿基米德继而考虑了介于 myriad myriad 和 myriad myriad 乘以 myriad myriad（1 后面跟着 16 个 0，也就是 10^{16}）之间的数，并将这些数称为"第二阶"的数。之后他依此类推，以同样的方式定义了"第三阶""第四阶"的数——后一阶都是前一阶的 myriad myriad 倍。最终，他达到了"第 myriad myriad 阶"的数，换句话说，在指数记数法中，这个数是 10^8 自乘 10^8 次，即 10^8 的 10^8 次方，等于 $10^{800\,000\,000}$。他将所有这些数定义为"第一周期"的数，如果将其中最大的数完整写下来，会有 8 亿位。他把 $10^{800\,000\,000}$ 这个数作为"第二周期"的跳板，以它为起点再次开始这个过程。他用同样的方法定义了第二周期里的阶，每个新的阶都是前一阶的 myriad myriad 倍。到"第 myriad myriad 周期"结束时，阿基米德得到了 myriad myriad 的 myriad myriad 乘以 myriad myriad 次方这么大的数，我们可以将它写成 $10^{80\,000\,000\,000\,000\,000}$，即 10 的 8 亿亿次方。

请记住，阿基米德并不知晓我们书写大数的紧凑写法，古希腊数学中甚至没有零的概念。他从一个为超过几亿的数命名都困难的系统出发，创造了一种可以描述在 10 进制下有 8 亿亿位的数的方法。

事实证明，在数沙项目中，阿基米德并不需要这么大的数。利用他对一颗沙粒和整个宇宙大小的估计，阿基米德得出的数只达到了第一周期的第八阶。用指数记数法，仅仅 8×10^{63} 颗阿基米德估算大小的沙粒就足以填满希腊人认知里直径 2 光年的宇宙。即便使用现代更大的估计——可观测宇宙的直径为 920 亿光年，填满它也用不到 10^{95} 颗沙粒，而这个数刚刚才达到阿基米德第一周期的第十二阶。

《数沙者》是最前沿的工作。阿基米德不仅在有限的数据条件下提供了一幅与我们现在所知最接近的宇宙图景，而且发明了一种描述大数的全新方法。阿基米德是第一个在没有现代记数法的情况下解决了命名和操作大数问题的人。他使用以 10 000 为底的数字系统，有效地开创了幂运算——即将一个量提升到另一个量的幂次的过程。他还发现了同底数幂相乘指数相加的规律，即对于任意的数 x，m，n，有 $x^m \times x^n = x^{m+n}$。例如 $3^2 \times 3^3 =$（3×3）$\times$（$3 \times 3 \times 3$）$= 3^5$。

　　阿基米德第一个证明了人有可能超越其时代传统——在他所处的那个时代，大数传统上被简单地称为"无数"。这种处理方式在描述沙粒和星星时尤为明显。比阿基米德更早的古希腊诗人品达（Pindar）在其《奥林匹亚颂》第二首（*Olympus Ode II*）中写道："沙粒无法计数。"希腊语中甚至还有一个词 psammakósioi（字面意思"沙百"），就是用来表示"不可数的"。《圣经》的作者也放弃了沙粒和星星的计数。《圣经》里有 21 处提到不可能计算出沙粒的数量。《旧约·创世记》中说："海边的沙，多得不可胜数。"《新约·希伯来书》更是将沙粒和星星混为一谈："如同天上的星那样众多，海边的沙那样无数。"

　　正如我们所见，阿基米德并没有把自己局限在海边甚至整个地球的沙粒上。他想象整个宇宙都充满了小到几乎看不见的沙粒，这样就保证了同时代没有人能超过他估算的数。几百年后，世界另一个地方的学者，出于截然不同的目的，也写了一些关于大数的见解。如果能知道阿基米德会如何看待后人的努力，那将是一件很有意思的事情。

东方哲学，尤其是佛教，一直着迷于空间、时间和心灵的广袤。因此，这些思想体系的学者们最终转变观念，开始在最广大的宇宙尺度上用数来表示事物的年龄或程度，也就不足为奇了。写于公元 3 世纪的大乘佛教经典之一《方广大庄严经》中，有一段发生在已经去世数百年的佛陀（Gautama Buddha）和神秘数学家阿周那（Arjuna）之间的对话。佛陀在回答阿周那的问题时，阐述了一个基于拘胝（koti，又作拘梨，梵语"一千万"）的数值系统，令人晕头转向。佛陀在每一步都会说出一个百倍于上一步的数：1 阿由多（ayuta）是 100 拘胝，1 尼由多（niyuta）是 100 阿由多；以此类推，直到怛罗络叉（tallakshana），它等于 1 后面跟着 53 个 0。佛陀解释说，在怛罗络叉的范围之外，还有一个度阇阿伽罗摩尼（dvajagravati），等于 10^{99}，接着是其他 6 个递增的层级，直到随入极微尘波罗摩呎罗阇（uttaraparamanurajahpravesa），相当于 10^{421}[①]。

尽管这个数已令人叹为观止，但佛陀的步伐才刚刚开始。在《华严经》中，佛陀揭示了一个不同且更强大的计数系统。

[①] 对照［唐］地婆诃罗的中译本《方广大庄严经》卷 12 及 Dharmachakra 翻译委员会的英译本 The Play in Full，从度阇阿伽罗摩尼出发，要经过 7 个递增的层级——分别是度阇阿伽摩尼舍梨（dhvajāgra-niśā-manī）、婆诃那婆若尔炎致（vāhanaprajñapti）、伊吒（iṅgā）、古卢卢（kurutu）、古吒鼻那（kurutāvi）、娑婆尼叉（sarvanikssepā）、阿伽罗娑罗（agrasārā）——才能到达随入极微尘波罗摩呎罗阇。阇阿伽罗摩尼为 10^{99}，按照每 10^{46} 一个层级，随入极微尘波罗摩呎罗阇应为 10^{467}。常见的英译本中一般缺失"古吒鼻那"这一项，因而导致随入极微尘波罗摩呎罗阇误为 10^{421}。

在《华严经》第 30 章里，佛陀解释了这个系统是如何开始的：

拘梨拘梨名一不变，不变不变名一那由他……[①]

然后，佛陀继续以令人烦恼的细节，对每个后续的数进行平方，得到 10^{80}、10^{160}、10^{320} 等等。经过数卷的逐项列出，他最终得到了 $10^{101\ 493\ 392\ 610\ 318\ 652\ 755\ 325\ 638\ 410\ 240}$。出于某种原因，佛陀认为这个数标志着某种极限，但遗憾的是，他并没有在经文中解释。他说，再平方一次会得到一个称为"无量"的数。接下来，他转向了平方的平方，也就是四次方。"无量"的平方是"无量转"；重复这个过程会得到"无边"。经过一些类似的步骤，以及对梵文辞典的遍历，我们就达到了"不可说"，它的四次方达到了最终的顶点——"不可说不可说"。然后，在最后的盛况中，佛陀说：

不可言说不可说

充满一切不可说

不可言说诸劫中

说不可说不可尽

我们并不清楚《华严经》的作者为什么要让佛陀在"无量"

---

① 摘自［晋］佛驮跋陀罗翻译的中译本《大方广佛华严经》。

处停止精确的数学计算，转而采用一连串最高级的词汇。也许是他们厌倦了书写冗长的数字序列，也许是卷轴不够用了。不过，最有可能的原因是他们想给人这样的印象：最终，宇宙超越了常规的逻辑和分析，进入了一个只有开悟者才能接触到的领域。

无论如何，我们如今可以轻松地破解这些障眼法。强大的"不可说不可说"其实远非无法计算或不可言说，事实证明，它写成现代记数法是

$$10^{10} \times 2^{122}$$

大约是 $10^{53\,000\,000\,000\,000\,000\,000\,000\,000\,000\,000\,000\,000}$。这显然是一个非常巨大的数。阿基米德无疑会对它印象深刻，因为这个数一下就让《数沙者》中达到的最大数相形见绌了。阿基米德得到的最大数是 $10^{80\,000\,000\,000\,000\,000}$，而要想达到"不可说不可说"，你还得把阿基米德的数自乘约 6.6 万亿亿次。

为了让大家对他们各自宇宙的浩瀚无垠有大致印象，阿基米德和佛陀都使用了大数。对阿基米德来说，这更像是一项科学事业，而佛陀的目标似乎是激发人们对宇宙整体观的敬畏，这是传统思想无法企及的。阿基米德和佛陀是人类在追求描述越来越大的数的过程中早期攀上的两座相互隔绝的高峰。直到一个半世纪前，数学家才开始认真考虑这些开创性见解之外的

东西：用一种可控的方式将大得无可比拟的数表示出来。

在实际应用中，无论是日常对话、经济学还是科学测量，英语大多会使用以"-illion"结尾的词来命名大数。如 2020 年世界人口约为 78 亿（7.8 billion），离我们最近的恒星比邻星在 40.2 万亿（40.2 trillion）千米外等等。这种命名数的方法起源于中世纪晚期，当时 million（百万）一词开始在乔叟（Chaucer）的《坎特伯雷故事集》（*The Canterbury Tales*）等书中出现。million 一词来自意大利语的 millione，millione 又来自拉丁语的 mille（千）加上后缀 -one（"百万"等于"一千个一千"）。bymillion（一百万个一百万）和 trymillion（一百万个一百万个一百万）在 15 世纪 70 年代开始流行。1484 年，法国人许凯（Nicolas Chuquet）提出，使用以 -illion 或 -yillion 结尾的词将数字名称完全系统化。

世人对许凯知之甚少，只知道他出生在巴黎，拥有医学学士学位，后来搬到里昂，30 多岁早逝，客死他乡。许凯当然不是一位杰出的数学家，他只有一项至今为人们所铭记的成就：一篇名为《算术三编》（*Triparty en la science des nombres*）的文章。直到 1880 年，也就是许凯去世将近四个世纪后，这篇文章才由发现他手稿的语言学家马尔（Aristide Marre）发表。随后人们发现，许凯的学生罗什（Estienne de la Roche）在其著作《代数》（*l'Arismetique*，1520）的第一部分，基本上剽窃了自己老师的著作。

许凯在《算术三编》中写下了一个非常大的数——7 493 248 043 000 700 023 654 321——然后从右开始，将它分成六位一组。第一个记号是 million（百万），然后：

> 第二个记号是 byllion，第三个是 tryllion，第四个是 quadrillion，第五个是 quyillion，第六个是 sixlion，第七个是 septyllion，第八个是 ottyllion，第九个是 nonyllion，以此类推，想走多远就走多远。

时至今日，英语中仍在使用这些名称，只是把单词中的"y"换成了"i"，并做了其他细微的修改。唯一的区别是，在英语国家和其他一些国家，人们已经普遍接受了 billion 是 10 亿（10^9）而不是 1 万亿（10^{12}）。后来，又出现了两种不同的大数命名系统，法国数学家吉特尔（Geneviève Guitel）在 1974 年将它们分别描述为"长尺度"和"短尺度"。在前者中，100 万之后的每一项，都定义为前一项的 100 万倍；而在后者中，跨度则是 1000 倍。在英式英语中，直到 20 世纪 70 年代中期前后，这两种系统还在并行使用。如今，长期受北美青睐的短尺度已被大多数英语国家、阿拉伯语国家，以及巴西、俄罗斯等国采用，而长尺度在其他地方仍然流行。使用 quad-、quin-、sex-、sept- 等前缀，短尺度系统很容易就可以扩展到一万亿以上。例如，用短尺度表示，quadrillion 是 trillion 的 1000 倍，即 10^{15}；

quintillion 是 quadrillion 的 1000 倍，即 10^{18}，以此类推。每乘以 1000，前缀就后移 1 个。如果我们采用"每增加 3 个 0，拉丁或希腊数字的前缀就后移 1 个"这样的命名约定，那 centillion（cent- 意为 100），相当于 1 后面跟着 303 个 0，就是标准英文词典里能列出的最大的数。

直到几个世纪前，对于远大于 100 万的数，还真不需要命名——除非你在做一些不寻常的事情，比如数沙粒或颂扬东方哲学。直到 19 世纪初，世界人口才刚突破 10 亿；后来原子被发现，天文学家才开始估测我们的银河系中有多少颗恒星，更不用说银河系之外的那些星星了。但是，纯数学家并不受物理现实的限制，他们很早就意识到数会一直持续下去，为了描述这些数而设计的任何系统最终都会被远远甩在后面。那些既没有方便的名称、也没有简洁的方法来表示的数，在文艺复兴初期就已经完全无法被人们接受了。

许凯系统化了用"-illion"命名数的方式，而阿基米德和 9 世纪波斯的花拉子米（Muhammad ibn Musa al-Khwarizmi）、15 世纪中叶的卡拉萨迪（Abu'l Hasan ibn Ali al Qalasadi）等人则为幂运算奠定了基础。"指数"一词是德国数学家、僧侣施蒂费尔（Michael Stifel）在 1544 年创造的。最后在 16 世纪初，法国数学家、哲学家笛卡儿（René Descartes）在其著作《几何学》（*La Géométrie*）的第一卷中引入了 x^n 这一记号，读作"*x* 的 *n* 次方"（尽管他当时更多的是从几何而非代数的角度来考虑的）。在表

达式 x^n 中，x 是一个数，称为底数；n 是指数。人们也常常称 n 是 x 的幂，尽管严格来说，如果 $a = x^n$，那么 a 才是 x 的幂，而不是 n。

正如乘法可以看成是重复的加法（$4 \times 3 = 3 + 3 + 3 + 3$），幂运算也可以看成是书写和执行重复的乘法的紧凑方式（$6^5 = 6 \times 6 \times 6 \times 6 \times 6$）。幂运算或者以指数形式运算足以处理极其巨大的数，几乎能够满足我们的所有需要——除了我们将在本书中遇到的许多例外！像 100 000 000 000 000 000 000（1 万亿亿）这样的数，可以紧凑地写成 10^{20}，读作"10 的 20 次方"，或简单地说就是"10 自乘 20 次"。

在大多数情况下，用"-illions"来描述大数就可以了。不过，有时为某个特定的大数取一个特殊的名字也不错。1920 年的一天，美国数学家卡斯纳（Edward Kasner）和他的两个外甥：9 岁的米尔顿·西罗蒂（Milton Sirotta）和弟弟埃德温·西罗蒂（Edwin Sirotta）沿着帕利塞德陡崖（新泽西州哈德逊河沿岸的悬崖）散步。卡斯纳和他们谈论起数，以及数能有多大——比如说，大到 1 后面有 100 个 0。卡斯纳后来在与纽曼（James Newman）合著的《数学与想象》（*Mathematics and the Imagination*，1940）一书中回忆道："（米尔顿）非常确定这个数不是无限的，因此也同样确定它必须有一个名字。"米尔顿想出的名字是"古戈尔"（googol）。与此同时，米尔顿还提议用"古戈尔普勒克斯"（googolplex）表示一个更大的数。卡斯纳写道：

正如这个名字的发明者迅速指出的那样，虽然古戈尔普勒克斯比古戈尔大得多，但它仍然是有限的。他还提出古戈尔普勒克斯应该是在1后面不断地写0，直到你写累为止。这描述了如果一个人真的尝试写下古戈尔普勒克斯时的情形，但不同的人感觉疲倦的时间不同，不能仅仅因为耐力更强，卡内拉（Carnera，重量级拳击冠军）就是比爱因斯坦（Alber Einstein）博士更好的数学家，这是绝对不行的。

卡斯纳更加精确地定义了古戈尔普勒克斯：1后面有古戈尔个0，即 $10^{古戈尔}$。虽然很难想象古戈尔，但古戈尔可以很容易地完整写出来：

10 000 000 000 000 000 000 000 000 000 000 000 000
000 000 000 000 000 000 000 000 000 000 000 000 000
000 000 000 000 000 000

古戈尔普勒克斯更是大得惊人。地球上没有足够的纸，或者说整个可观测宇宙中，都没有足够的物质来写完古戈尔普勒克斯包含的所有数字，即使你把每个0都写成亚原子粒子那样小也不行。古代命名的任何数，包括强大的"不可说不可说"在内，与古戈尔普勒克斯相比都黯然失色。

提到"古戈尔"或"古戈尔普勒克斯"，大多数人都会立即想到那个无处不在的搜索引擎或它现在的总部所在地。1996年，后来成为谷歌（Google）创始人的斯坦福大学博士生佩奇（Larry Page）和布林（Sergey Brin）正在美国加利福尼亚州门洛帕克的一间由车库改造的临时办公室工作。这间车库是他们的共同好友、后来成为 YouTube 首席执行官的苏珊·沃基奇（Susan Wojcicki）租给他们的。两人将他们的搜索引擎原型命名为"BackRub"，因为它可以分析网页的反向链接（即指向某个网页的链接）。但随着其搜索技术的迅速改进，他们想为新产品找到一个更具商业吸引力的名字。1997 年 9 月，佩奇和同事们准备了一块白板，在"苏珊的车库"里进行了一次头脑风暴，想找出一个能体现"对大量数据进行索引"这一想法的词。在场的一位研究生安德森（Sean Anderson）建议用"googolplex"，佩奇立即把这个词缩短成了"googol"。安德森坐在电脑系统前，登入互联网域名注册中心检查这个名字是否可以注册使用。但他误把这个词拼成了"google"，他检查了"google.com"（而不是"googol.com"），发现它还没被占用。佩奇喜欢这个名字，几小时内就注册了"google.com"。

这个名字无疑令人联想到现在网络索引中涉及的海量数据。2017 年，谷歌报告称它存储了大约 30 万亿页的信息。谷歌、微软、亚马逊和脸书之间至少拥有 1200 PB（1.2×10^{15} 字节）的数据——并且这个数字还在逐月快速上升。如果谷歌在接下来几个世纪里保持其索引的平均年增长率（这倒是不太可能！），那么到 2698 年，它将会索引到 1 古戈尔普勒克斯这么多页面。

在古代，只有像阿基米德这样的少数智者领悟到非常大的数可能与现实世界有关。但今天，我们听到数十亿和数万亿的东西，都已经见怪不怪了。科学家和数学家发现的数，甚至让古戈尔都显得很小。但我们能真正掌握这些数的大小吗？（更不用说我们以后在寻找最大数的过程中所遇到的许多其他数）不，即使是最伟大的数学天才也做不到。我们能做的，是尝试找到一些词语或概念，在我们熟悉的世界（我们能感知到的或在想象中构建的世界），与远远超出物理宇宙容纳能力的数之间，架起一座桥梁。

第 2 章

—

现实的极限

02

在科学中，巨大的数和微小的数比比皆是，原因显而易见：宇宙大得惊人，而最终构成它的粒子则小得惊人。如果我们计算自然界中非常微小的东西（比如原子）的数量，或者用日常的单位测量宇宙尺度，那么结果很快就会超过一万亿。例如，"米"在人类世界中是一个可感知的长度单位，但当我们谈论星际距离时，就不是那么回事了。即使是离太阳最近的恒星——半人马座比邻星，也位于距离地球大约40 000 000 000 000 000（4亿亿）米之外。

科学中频繁出现非常大和非常小的数，这就是"科学记数法"被普遍使用的原因。在科学记数法（也称为标准形式或指数形式）中，4亿亿可以紧凑地写成 4×10^{16}，这样我们一眼就能看出 4 后面有多少个 0。

另一种更容易管理我们所处理的数的方法，是使用更大的单位。这就是天文学家经常用光年或秒差距来表示距离的原因。1 光年是光以每秒 3 亿米的速度在一年内走过的距离，大约相当于 9.46 万亿千米，因此我们与比邻星的距离是 4.24 光年。

1 秒差距是指地球绕太阳公转轨道的平均半径对应视角为 1/3600 度角（称为 1 角秒）的距离，相当于 3.26 光年。比邻星距离地球 1.30 秒差距，银河系中心距离地球 8000 秒差距多一点。然而，一旦我们驶出自己所在的银河系，深入到星际空间，秒差距也开始显小了。于是，天文学家转向了千秒差距、百万秒差距，最后是吉秒差距（十亿秒差距）。整个可观测宇宙的直径约为 28.5 吉秒差距，即 8.8×10^{23} 千米。

正如我们在第 1 章中所见，这种量级的数在科学中并不少见。阿基米德的宇宙沙粒数在现代记数法中约为 8×10^{63}。对我们来说幸运的是，宇宙实际上并没有充满沙粒。尽管如此，科学中还是有一些非常大的数适用于现实情况，或者说至少适用于我们尝试对现实情况的估计。

早在 1811 年，意大利科学家阿伏伽德罗（Amedeo Avogadro）就提出，在给定的温度和压力下，气体的体积与其中的分子数量成正比，而与具体涉及的气体无关。这意味着在相同条件下，等体积的不同气体（例如氧气和二氧化碳）含有相同数量的分子。虽然阿伏伽德罗相信原子和分子的存在，并对它们做了区分，但无法知道它们的大小。20 世纪初，法国物理学家佩兰（Jean Perrin）通过实验首次对这一数量进行了相当精确的测量，这个数后来被称为阿伏伽德罗常数。今天，我们知道阿伏伽德罗常数的精确值为 $6.022\ 140\ 76 \times 10^{23}$，它定义为 1 摩尔物质（可以是分子或原子，甚至离子）中组成粒子的数量。1 摩尔物质的质量都是以克为单位，数值上等于该物质的相对分子质量。因此，例如 31.9988 克氧气和 44.0095 克二氧化碳在相同条件下都含有 6.022 140 76 × 10^{23} 个分子，约 6000 万亿亿个分子。

以日常标准衡量，6000 万亿亿这个数是巨大的。事实上，这是科学家们日常处理的最大的物理常数，它也让人感受到原子和分子尺寸微小这一基本特征。1 摩尔水仅重 18 克，却包含 6000 万亿亿个水分子！

还有一个更加巨大的数，它是以另一位著名科学家爱丁顿（Arthur Eddington）爵士的名字命名的。在 1923 年出版的《相对论的数学理论》（The Mathematical Theory of Relativity）一书中，爱丁顿写道：

> 我相信宇宙中有 15 747 724 136 275 002 577 605 653 961 181 555 468 044 717 914 527 116 709 366 231 425 076 185 631 031 296 个质子和数量相同的电子。

令人震惊的不是这个数的大小——毕竟，整个宇宙中质子和电子的数量肯定是巨大的——而是其表述中超乎寻常的精确度。如果爱丁顿仅仅是宣布质子的总数"大约为 1.57 × 10^{79}"，或"大约为 1570 万亿亿亿亿亿亿亿亿亿亿"，那它不会引起太大的轰动。但是，他声称已经计算出了这个值，并且还精确到了最后一个粒子！

爱丁顿开始对巨大的宇宙数字产生兴趣时，已经是世界知名的天体物理学家了。1919 年，他率领一支探险队在南非观测日全食，证实了爱因斯坦广义相对论的一个关键预言——恒星发出的光线经过大质量物体（本例中是太阳）附近时，路径会弯曲。他还是恒星物理学的先驱，于 1920 年首次提出恒星通过核聚变过程产生热和光。

20 世纪 20 年代，爱丁顿逐渐痴迷于建立一个将相对论、量子力学、宇宙学和引力统一起来的宏大理论。虽然他的工作一开始中规中矩，但很快就融入了数字命理学和美学的元素。爱丁顿并不是唯一一个为这种最终被称为"大数假说"的东西神魂颠倒的人。1919 年，德国数学家外尔（Hermann Weyl）注意到，自然界中一些基本距离和力的比值都很大，而且非常相近，由此开始了研究。例如，外尔发现质子和电子之间的电作用力大约是引力的 10^{40} 倍。当外尔将当时估计的宇宙半径除以所谓的经典电子半径时，10^{40} 这个因子又一次出现了。

随着爱丁顿深入研究将亚微观世界与宏观世界联系起来的这类关系，他迷上了自然界中一个神秘的因子——精细结构常数。这个常数出现在原子物理和核物理的各个领域，其作用之一是校准基本带电粒子（如电子）之间电磁力的强度。直到现在，其他领域的物理学家仍震惊于它在不同尺度的宇宙事务中所发挥的关键作用。泡利（Wolfgang Pauli）终身都痴迷于这个数，泡利曾说："我死后问魔鬼的第一个问题就是：精细结构常数的意义是什么？"费恩曼（Richard Feynman）也直言它是

"物理学的最大谜团之一"。

在爱丁顿第一次将注意力转向精细结构常数时，人们还没有从实验中得出它的精确值，只知道它大约是 1/136。爱丁顿通过一系列晦涩难懂的复杂步骤，声称他已经从理论上证明了这个值恰好是 1/136。正因如此，他的推理使他相信，宇宙中的质子数是 136×2^{256}——这就是臭名昭著的爱丁顿数。爱丁顿在他1923 年的书里完整地写下了这个数，并于 1938 年在剑桥大学三一学院的一次公开演讲中再次重复了这个数。

不幸的是，后来的一些实验调低了精细结构常数的值，使其更接近于 1/137（事实上，现在已知它的值为 1/137.035 990 84）。这种实验上的重新调整并没有令爱丁顿感到困扰：他只是稍稍调整了自己的理论，就让它又恰好产生了 1/137！果不其然，爱丁顿如此随意地敷衍这个问题，没有人会被他的调整说服。其他科学家对他的大数推理失去了信心，讽刺杂志《笨拙》（*Punch*）更是抓住了这种情绪，戏称他为"亚瑟加一爵士"。虽然爱丁顿的数最终证明是虚构的，但它确实获得了一项殊荣：它是迄今为止宣称的对物理世界有影响的最大具体数值，而不是估计值或近似值。

如前所述，当大量的小碎片组成相对巨大的事物时，必然会出现大数。构成我们身体的细胞是微小的，而构成一个普通人需要几十万亿个细胞。此时此刻，你用来吸收这些想法的大脑，包含约 860 亿个神经元（即神经细胞），这是里约热内卢大学的一个研究小组在 2009 年得出的数字。由于每个神经元都与其他许多神经元相连，因此大脑中的神经元连接总数远远大于860 亿：100 万亿是一个合理的估值。

　　每秒大约有 2840 立方米的水流过尼亚加拉大瀑布（其中绝大部分在马蹄瀑布）。这相当于每小时流过的水是 1000 万立方米，每年约 900 亿立方米，或在寿命 80 岁的人的一生中有 7.2×10^{12} 立方米的水流过。考虑到 1 立方米水中约有 3.355×10^{28} 个水分子，这意味着大约有 2.4×10^{41} 个水分子从瀑布上掉落。按照这样的流速，地球上所有的水大约需要 1380 万年才能全部流过尼亚加拉大瀑布。

　　掌握百万、十亿、万亿这类数的一种有效方法是想象一个由点组成的立方体。从一个小一点的数开始，比如 100，这可能是一个参加中等规模婚宴的人数。想象一个立方体，它的每条边都有 100 个点，那么它的每个面就有 100 × 100 个点，整个立方体中共有 100 × 100 × 100，即 100 万个点。有时宗教集会上会有 100 万人聚集在一起。1969 年伍德斯托克音乐节的观众大约在 50 万到 100 万之间。在某种程度上，我们可以据此通过图片或在脑海中把握 100 万有多大。接下来，想象每条边有 1000个点的立方体，它总共包含 10 亿个点。每条边有 100 000 个点（可以想象在一个拥挤的大型体育场中，每个人都是一个点）的立方体包含 $10^5 \times 10^5 \times 10^5 = 10^{15}$，即 1000 万亿个点，这大约与 10 个人大脑中神经元之间的连接数一样多。

荷兰设计工程师德布鲁因（Daniel de Bruin）为了庆祝自己生命的第一个 10 亿秒（在他 31 岁那年，2020 年 3 月 1 日达到），发明了一台机器，它需要超过 1 古戈尔年的时间才能完成 1 个周期的旋转。从汽车到洗衣机，许多设备都使用减速驱动器（一系列相连的齿轮）来降低速度，并增加电机产生的扭矩。德布鲁因只是将这个想法发挥到了极致。他连接了 100 个齿轮，每个齿轮的减速比为 10∶1，因此上一个齿轮转十圈，下一个齿轮才能转一圈。链条中最后一个齿轮的转速是第一个齿轮的 1 古戈尔（10^{100}）分之一。由于第一个齿轮旋转一圈大约需要 4 秒，因此第一百个齿轮的旋转周期约为 4×10^{100} 秒。这大约是 1.3×10^{93} 年或者是目前宇宙年龄的约 1000 亿亿亿亿亿亿亿亿亿倍！

德布鲁因已经在网上分享了他的机器运行整整一个小时的视频，并考虑为喜欢这种缓慢且可预测的运行的观众设置直播。只是不要对大部分齿轮的运动方式抱有太大期望，因为即使是地球上最灵敏的仪器，也无法检测到它们的运动。至于最后一个齿轮转动一圈所需的总能量，那将远远大于宇宙中所有能量的总和。

科学并不是生活中唯一会产生巨大数的领域。有时，当一个国家的货币受到恶性通货膨胀的冲击时，该国几乎每个人都会在一夜之间成为亿万富翁，但仍可以说是身无分文。这种情况就发生在 20 世纪 20 年代初的德国。当时，德国因第一次世界大战的开支以及随后同意支付的赔款而背负着巨额债务。到 1923 年 11 月，1 美元可以兑换 4.2 万亿德国马克（见图 2-1），这种货币已经一文不值了，以至于被用作墙纸或引火物，工人们带着手提箱、推着手推车去上班领工资。次年 7 月，总共有 12 万亿亿——1 200 000 000 000 000 000 000——马克在流通。

图 2-1　20 世纪 20 年代，为了应对德国马克的快速贬值，德国发行并重新加盖了邮票

第二次世界大战结束后不久，匈牙利也遭遇了类似的金融危机，其通货膨胀率达到了百分之 4190 亿亿，是有史以来最高的。这促使匈牙利发行了一系列面值大得离谱的纸币，最终在 1946 年发行了 Százmillió-B 帕戈时达到顶峰。Százmillió-B 代表

1万亿亿，因此，如果你口袋里有这样一张纸币，你就会自豪地成为1万亿亿（10^{24}）帕戈的主人，足以购买——好吧，可能买不了多少东西！要说明这个问题，我们假设1帕戈的纸币面积为5厘米 × 10厘米，那么1万亿亿张帕戈就足以完全覆盖地球表面2000层。匈牙利的情况极度恶化，不得不决定引入一种全新的货币。1946年8月1日，福林取代了帕戈，或者更准确地说，1福林取代了40万亿亿亿，即4×10^{29}帕戈！流通中的帕戈面值总额一下子减少至不足新货币单位的千分之一。

还是金融方面。2023年，地球上最富有的人是特斯拉的创始人马斯克（Elon Mask），马斯克的财富据估计达到2400亿美元。不过，与有史以来最大的诉讼案相比，这就是小巫见大巫了。曼哈顿居民普里西马（Anton Purisima）声称自己在纽约的公交车上被一只"感染狂犬病"的狗咬伤，于2014年4月11日提起诉讼，索赔2万亿亿亿亿亿美元。在一份长达22页的手写诉状中，普里西马起诉了纽约市交通局、拉瓜迪亚机场、面包店Au Bon Pain（他坚称在那里经常被多收咖啡钱）、霍博肯大学医学中心以及其他数百家机构，要求的赔偿比整个地球上的钱还要多得多，还附了一张他中指夸张地缠着超大号绷带的照片。对于被告以及世界的货币供应来说幸运的是，法官驳回了他的诉讼："法院在审查了原告的申诉后，发现这起诉讼缺乏任何可供论证的法律或事实依据。"

正如你可以想象的那样，当我们试图计算用多少科学所设想的最小对象能装满我们所知的最大对象——宇宙本身——时，一些与物理现实相关的最大数就出现了。不过，目前我们还不清楚这两个极端值是多少。我们认为，整个宇宙是在大约 138 亿年前的一次大爆炸中诞生的。从那时起，宇宙中的物质就像巨大爆炸产生的碎片一样飞散开来，在四维时空的无垠表面上越散越远。

我们仍然不能确定宇宙的整体性质，包括它的形状，以及大小是否有限。我们只能从能看到的部分里获得信息。我们能看到的部分，就是自大爆炸以来，有机会到达我们的那部分光，这就是所谓的可观测宇宙，据信它的直径约为 930 亿光年或 8.8×10^{26} 米。如果我们假设可观测宇宙是球形的，那么它的体积大约为 4×10^{80} 立方米。

尺度的另一端是原子、亚原子粒子和量子力学的世界。例如，氢原子的直径只有一百亿分之一米。即是 1 除以 100 亿，也就 1 除以 10 的 10 次方，我们可以写成 10^{-10} 米，负号表示"1 除以"或者倒数。氢核是一个质子，要比原子小得多，直径仅有 2×10^{-14} 米，体积为 4×10^{-42} 立方米。那么，就体积而言，可观测宇宙是质子的 10^{122} 倍。

但质子离自然界中最小的对象还差得很远。质子内部还有更小的粒子，叫夸克。而比任何基本物质都小得多的是普朗克长度。物理学家假设，在足够高的放大倍率下观察时空，其本身的颗粒性会变得很明显。通常情况下，我们认为时空是一个平滑和连续的背景，物质和能量的戏剧在此上演。但在足够短的长度和时间内，这种连续性会被打破，空间和时间的量子性质会变得显著。普朗克长度是以德国理论物理学家普朗克（Max Planck）的名字命名的，普朗克在 1899 年首次提出这一概念。普朗克长度约为 1.6×10^{-35} 米；直径为 1 普朗克长度的球体，体积约为 2×10^{-105} 立方米。用目前可观测宇宙的体积（4×10^{80} 立方米）除以这个极其微小的数，就可以知道多少物理意义上的最小体积能填满我们所知的最大实际体积。答案是：大约 2×10^{185}。完整写下来（向校对人员表示歉意！）就是

200 000 000 000 000 000 000 000 000 000 000 000 000 000 000 000 000 000 000 000 000 000 000 000 000 000 000 000 000 000 000 000 000 000 000 000 000 000 000 000 000 000 000 000 000 000 000 000 000 000 000 000 000 000 000 000

或者 200 sexagintillion（20 亿亿亿亿亿亿亿亿亿亿亿亿亿亿亿亿亿亿亿亿亿亿亿亿）。

我们不知道整个宇宙比可观测宇宙大多少。一种可能是，宇宙是无限的，而且一直是无限的。即使它是有限的，我们能看到的也可能只是整个宇宙的一小部分。这在很大程度上取决于宇宙演化早期一个异常快速的阶段——暴胀，这一阶

段从大爆炸后约 10^{-37} 秒开始。保守估计整个宇宙的体积至少是目前观测到的 250 倍，激进的估计则认为这一倍数超过 10^{70}。无论如何，整个宇宙的体积与直径为 1 普朗克长度的球体的体积之比，必定远大于我们在上面完整写出的那个已然很大的数。

当我们开始思考现实世界中计算的极限时，也会出现巨大的数。在这里，我们谈论的不是理论上在时间和存储空间无限的条件下可计算的东西（后面会有更多的介绍），而是要考虑物理定律所施加的实际限制。其中之一是以德裔美国数学家和生物物理学家布雷默曼（Hans-Joachim Bremermann）的名字命名的布雷默曼极限。它基于两个基本原则。第一个是著名的爱因斯坦质能方程 $E = mc^2$，它标定了质量和能量的等价，其中 c 是光速；第二个是海森堡的测不准原理，它表达了能以何种精度确定某些量对（如能量和时间，质量和动量）的值。布雷默曼极限是任何孤立的物质系统能处理数据的最大速率，它等于 c^2/h，约为 1.36×10^{50} 比特 /（秒·千克），其中 h 是普朗克常数。我们不习惯以这种方式表达的数据处理能力；通常情况下，我们读到的是一个芯片或一台计算机每秒能处理多少比特。这是因为布雷默曼极限远远超过了人类曾经制造或在可预见的未来里可能制造的任何东西的处理速度。然而，它在设计抵御暴力搜索的加密系统方面很有意义，这些暴力搜索试图通过遍历所有可能的组合来破解秘密代码和口令。

想象一台和地球一样大的、能以布雷默曼极限工作的计算机。它每秒可以进行约 10^{75} 次计算。以这种速度，它可以在不到 10^{-36} 秒内破解一个典型的 128 位密钥，在大约两分钟内破解一个 256 位的密钥。然而，要破解一个 512 位的密钥，即使是对这样一个地球一样大小的庞然大物，在计算速度极限下也需要工作 10^{72} 年，这是不现实的。

自然界中计算可能性的另一个（也是相关的）极端限制是贝肯斯坦上限，以出生于墨西哥的以色列裔美国物理学家贝肯斯坦（Jacob Bekenstein）的名字命名，贝肯斯坦在 20 世纪 80 年代初提出了这个想法。贝肯斯坦上限是指在给定体积的空间内可以包含的最大信息量。在定义时，贝肯斯坦想到了宇宙中最极端的对象——黑洞。具体来说，他研究的是当物体落入黑洞时会发生什么。

过去人们认为，一旦进入黑洞，任何东西都无法逃脱。然而，霍金（Stephen Hawking）提出了一种可以提取信息的方法，从而有可能将黑洞作为最极端的数据存储或计算设备，并且其存储密度等于贝肯斯坦上限。麻省理工学院的工程师和物理学家劳埃德（Seth Lloyd）计算出，将一千克物质压缩成一个 3×10^{-27} 米宽的黑洞所形成的"终极笔记本电脑"，每秒能进行 5×10^{50} 次运算。但不利的一面是，作为亚微观黑洞，它会由于霍金辐射在大约一千亿亿分之一秒内蒸发成一束伽马射线，所以不太适合日常使用。

在尺度的另一端，劳埃德认为，如果把可观测宇宙中的所有物质都变成一台黑洞计算机，那么它每秒能进行 10^{90} 次运算，在霍金辐射导致它蒸发之前，它的寿命可以达到 2.8×10^{139} 秒。在这段时间里，它能进行 2.8×10^{229} 次运算。考虑到这台计算机将与所有的物理现实共存，我们也很难知道这些运算的目的和性质是什么！

在科幻小说的世界里，一切皆有可能，甚至是从一艘宇宙飞船的气闸中被推出，片刻后被恰巧经过的另一艘宇宙飞船所救这种小概率事件也会发生。在《银河系搭车客指南》(*The Hitchhiker's Guide to the Galaxy*) 中，登特 (Arthur Dent) 和派法特 (Ford Prefect) 被弹出伏根号飞船后，亚当斯 (Douglas Adams) 就安排这两个角色享受了这种巨大的运气：他们真的碰巧被"无限非概率驱动器"所驱动的"黄金之心"救了起来——发生这种事的概率是 $2^{260\,199} : 1$。

描述我们所生活的现实世界方方面面的数中，似乎不可能有比这更大的了。但有一些数比我们迄今为止所看到的所有数都要大得多，而且，正如亚当斯的书中所说，它们涉及概率。这些数就是所谓的庞加莱重现时间，它们大得惊人。庞加莱重现时间以法国数学家、物理学家庞加莱 (Henri Poincaré) 的名字命名，指的是一个系统（如运动粒子的集合）回到与开始时完全相同的状态所需要的时间。系统越大、越复杂，它可能拥有的状态自然也越多，它完全随机地返回初始状态所需要的时间就越长。加拿大物理学家佩奇（Don Page）计算了整个宇宙在各种不同起始条件下的庞加莱重现时间。根据描述宇宙最早时刻的模型，佩奇得出了一个重现时间的范围，它可以一直延续到这么多年：

$$10^{10^{10^{10^{10^{1.1}}}}}$$

到目前为止，我们谈到的任何东西都没有达到这个规模。事实上，这是有史以来由科学家（虽然不是由数学家！）计算并发表在学术期刊上的最大的数。这也是我们第一次在本书中看到以这种指数堆叠的形式表示的数，10 的 10 的 10 的 10 的 10 的 1.1 次方。方便起见，我们也可以用插入符或扬抑符将它写成 10^10^10^10^10^1.1。

我们之后会看到更多这种类型的数——重复的指数。现在，我们有必要花点时间来理解一下它的含义。先忽略 1.1，就看 10^10^10^10^10。我们从右到左计算它，即顺着幂的方向向下计算：10^10 是 10 000 000 000；10^10^10 是 10^10 000 000 000，也就是 1 后面 100 亿个零；10^10^10^10 是 10 的 1 后面 100 亿个零次方；最后，10^10^10^10^10 是 10 的 10 的 1 后面 100 亿个零次方。

这似乎是一个令人印象颇深的数，但在通往我们可命名、定义和思考的最大数之路上，这只是一小步。从现在起，我们必须抛开物理世界，进入数学领域，我们的思想将摆脱物质、能量、空间和时间的限制。

第 3 章

—

数学无界

03

正如古老的"棋盘麦粒"问题所表明，骇人的大数可以从毫不起眼的起点开始迅速增长。关于这一问题的记载最早见于1256年学者哈利坎（Ibn Khallikan）的著作。据传，印度舍罕王（Shirham）要感谢发明了国际象棋的宰相达依尔（Sissa ben Dahir），问达依尔想要什么赏赐。达依尔所求看似少得可怜：在棋盘的第一个方格放一粒小麦，第二个方格放两粒，第三个方格放四粒，以此类推，每次加倍，直至所有方格都被填满。国王以为自己会轻松地满足这个请求，便立刻答应了，但很快就后悔了。因为所需的小麦总数为 $1 + 2 + 2^2 + 2^3 + \cdots + 2^{63} =$ 18 446 744 073 709 551 615——这个数远远超过了当时世界上的所有麦粒数。

舍罕王从他与狡猾宰相的交锋中吸取了一些教训。首先，他发现重复加倍，或者更一般地说，指数运算（一个数反复自乘）展现的力量惊人。其次，他体会到数学并不受实际因素的限制。物理上的极限对数学家的世界并没有限制。相反，数学家的世界大到足以容纳我们能想象的任何东西和数。

数学中最有趣、最重要的数是素数，它们最显著的特点是只能被自身和 1 整除。前 10 个素数是 2、3、5、7、11、13、

17、19、23 和 29。随着素数逐渐变大，它们的间隔也趋于变大。例如，大于 1000 的前 10 个素数是 1009、1013、1019、1021、1031、1033、1039、1049、1051 和 1061。要证明素数有无穷多个是很容易的，但数学家尤为感兴趣的是它们如何分布，即素数在越来越大的数值范围内分布的细节。数学中最大的未解问题之一——黎曼猜想，正是与这个问题密切相关。寻找越来越大的素数也有实际的考量，因为非常大的素数对最广泛使用的数据加密系统至关重要，比如那些支撑网上银行和在线购物的系统。

最容易找到的素数是那些碰巧为梅森素数的素数。梅森素数以法国修士、博学者梅森（Marin Mersenne）的名字命名，他在 17 世纪上半叶研究了这些素数。所有的梅森素数都可以写成 2^n-1 的形式，其中 n 是一个正整数；换句话说，它们比 2 的对应次方小 1。前几个梅森数是 1、3、7、15、31、63 和 127。当 n 较小时，只要 n 是素数，对应的梅森数也是素数。例如，当 $n=7$ 时，$2^n-1=127$，127 也是素数，因为除了 1 和 127 之外没有其他因子。但这种规律在 $n=11$ 时就失效了，因为 $2^{11}-1=2047=23\times89$。数学家现在知道，虽然在梅森素数里 n 必须是素数，但它还必须满足一些其他条件。幸运的是，这些额外的条件很容易编为程序代码，这样计算机就可以通过相对简单、快速的算法来寻找下一个更大的梅森素数。

寻找梅森素数的过程可以用来测试新的、更快的计算机和算法（即用来解决问题的逐步方法）的速度和能力。作为这些新计算机和算法的营销策略，梅森素数也派上了用场，因为出现一个新的、更大的素数往往会成为头版新闻。本书的作者之一达林对此有一些亲身体会。

20 世纪 70 年代末，达林曾在明尼阿波利斯的超级计算机制造商克雷研究公司的应用程序开发组工作。开发组的任务之一是展示当时世界上最快的计算机克雷 1 号比它的对手们快多少。开发组得到了年轻的软件工程师斯洛文斯基（David Slowinski）的帮助。达林曾有机会多次见到斯洛文斯基，后者解释了其梅森素数搜索算法的工作原理。斯洛文斯基和劳伦斯利弗莫尔国家实验室（最早一批的克雷 1 号中，有一台就是在该实验室验收测试的）的数学家纳尔逊（Harry Nelson）对该算法进行了优化，使其能在克雷 1 号独特的"矢量"架构上运行。

1979 年 4 月，斯洛文斯基和纳尔逊的努力得到了回报，他们发现了第 27 个梅森素数 $2^{44\,497}-1$。这是当时已知的最大素数，也使他们在吉尼斯世界纪录中占据了一席之地。1982 年至 1996 年，斯洛文斯基又发现了另外 6 个破纪录的素数，最终他与计算机科学家盖奇（Paul Gage）合作，使用克雷 T90 超级计算机，发现了第 34 个梅森素数 $2^{1\,257\,787}-1$，即 M(1 257 787)。

迄今为止发现的 10 个最大的素数中，有 9 个是梅森素数。截至 2021 年，冠军是 2018 年 1 月发现的 $2^{82\,589\,933}-1$，完整写出来有近 2500 万位数字，足以填满好几卷最新纸质版的《大英百科全书》(*Encyclopaedia Britannica*)。

梅森素数可以用来寻找另一种被称为完全数的有趣的数。完全数是自身等于其所有因子（除自身外）之和的整数。例如，6 是一个完全数，因为它的因子 1、2 和 3 加起来等于 6。6 之后最小的完全数是 28（= 1 + 2 + 4 + 7 + 14）。大约在公元前 300 年，欧几里得（Euclid）证明了只要 2^n-1 是素数（其中 n 本身是素数）——换句话说，对于每个梅森素数——$2^{n-1}(2^n-1)$ 就是一个偶完全数。例如，前四个完全数是这样产生的：

$$\text{对于 } n = 2: \quad 2^1(2^2 - 1) = 2 \times 3 = 6$$
$$\text{对于 } n = 3: \quad 2^2(2^3 - 1) = 4 \times 7 = 28$$
$$\text{对于 } n = 5: \quad 2^4(2^5 - 1) = 16 \times 31 = 496$$
$$\text{对于 } n = 7: \quad 2^6(2^7 - 1) = 64 \times 127 = 8128$$

所有的偶完全数都以 6 或 8 结尾，并且有对应的梅森素数。我们还没有发现奇完全数。因此，到目前为止，已知的梅森素数和已知的完全数是一一对应的。已知的最大完全数与已知的最大梅森素数对应，最大完全数是 $2^{82\,589\,932}(2^{82\,589\,933} - 1)$，只用不到 5000 万位数字就能把它完整写出来。不过为了避免吓跑读者，我们只展示它开头和结束的几位数字：110 847 779 864… 007 191 207 936。

奇怪的是，虽然我们知道有无穷多个素数，但并不知道是否有无穷多个梅森素数。同样，我们也不知道是否有无穷多个完全数或是否存在奇完全数。

无论如何，想出一个比已知的最大素数或完全数更大的数是很容易的：只要加 1 就可以！除了那些单纯的大数之外，还有一些具备有趣特征的大数让人格外着迷。有时，我们讨论的大数是满足某些数学条件的最小的数。以南非数学家斯奎斯（Stanley Skewes）的名字命名的斯奎斯数就是一例。就像与之相关的黎曼猜想一样，斯奎斯数也与素数的分布有关。

斯奎斯 1899 年出生于德兰士瓦共和国，母亲生于美国，父亲是英国人。他在南非开普敦大学获得土木工程学位，然后前往英国剑桥大学学习数学。斯奎斯在国王学院获得了学士、硕士和博士学位，他的划船伙伴中有图灵（Alan Turing），他的博士生导师李特尔伍德（John Edensor Littlewood）是杰出的数论学家，也是哈代［G. H. Hardy，他将印度天才拉马努金（Ramanujan）带到了英国］的亲密合作者。正是李特尔伍德鼓励斯奎斯研究素数。

数学家一直在努力寻找可以生成素数的公式，但没有成功。尽管如此，他们还是发现，素数的出现并不是偶然的；相反，它们的分布是有规律的，它们的密度随着数的增加而降低。1792 年左右，德国数学家高斯（Carl Gauss）首次提出了一个被称为素数定理的推论，当时他才十几岁。然而，直到 1896 年，素数定理才被法国数学家阿达马（Jacques Hadamard）和比利时数学家普桑（Charles de la Vallée Poussin）各自独立证明。根据这个定理，任何数 x 周围的素数密度大约为 $1/\ln x$，其中 $\ln x$ 是 x 的自然对数。因此，在 100 附近，预计大约有 1/5 的数是素数；在 1000 附近，这一比例则下降到大约 1/7。

对于任何给定的数 n，利用素数定理，就可以估计出有多少个小于 n 的素数。事实上，当 n 较大时，该定理的预测值与素数的实际数量非常接近。例如，小于 10 亿的素数正好有 50 847 534 个，而该定理的估计值为 50 849 235 个——只多了 1701 个，或多了 0.0033%。即使 n 很大时，素数定理给出的估计值也始终略高于素数的实际数量。在没有发现相反的证据前，数学家假定情况总是如此，没有例外。但后来李特尔伍德给出了一个证明，表明在某些时刻，高估的情况会停止，而低估的情况会持续一段时间，然后再转换回高估，如此往复循环，直到永远。李特尔伍德不知道第一次交叉会在何时发生，但他的学生斯奎斯设法在这个问题上给出了一些答案。斯奎斯证明了，在 n 达到 $10\^ 10\^ 10\^ 34$ 之前，素数定理一定会出现由高估转换到低估的情况。得出这个惊人的大数——斯奎斯数——需要假定黎曼猜想成立。黎曼猜想有效地说明了素数的组织性和可预测性与赋予它们的性质相差无几。斯奎斯还计算出，如果黎曼猜想不成立，那么当 n 再大一点时（约为 $10\^ 10\^ 10\^ 964$），素数定理将第一次出现由高估素数数量转换为低估素数数量的情况，这个数被称为第二斯奎斯数。

　　哈代曾将斯奎斯数描述为"有史以来在数学中有明确用途的最大的数"。虽然现在它早已失去了这一殊荣，但其巨大的规模确实强调了一个重要的问题：不能仅仅因为某些想法在任何人测试时都是正确的，就认为它在所有可能想象的情况下都是正确的。这也是数学家在找到一个能永远站得住脚的严格证明之前，从来不会满意的原因之一。

　　斯奎斯的结果发表了以后，其上下界（取决于黎曼猜想是否成立）已被大幅降低。在过去的半个多世纪里，人们一直用计算机进行这些计算。1966 年，美国数学家雷曼（Sherman Lehman）证明了，在 1.53×10^{1165} 和 1.65×10^{1165} 之间的某个 n 处，存在超过 10^{500} 个连续的整数，素数定理低估了不超过该整数的素数的实际数目。目前还没有人确定出现第一次交叉的具体的数。2010 年，英国曼彻斯特大学的泽戈维茨（Stefanie Zegowitz）发表了关于这一问题的最新工作，发现素数定理的第一次低估发生在小于 1.3972×10^{316} 的某个 n 处。尽管按日常标准来看，这个值仍然很大，但与最初的斯奎斯数相比，它已经微不足道了。

　　数学中的有些大数与组合和概率有关。取一副普通的扑克牌。这副牌有多少种不同的排列方式？第一张牌可以是 52 张中的任何一张，第二张可以是剩余 51 张中的任何一张，以此类推，因此可能排列的总数为 $52 \times 51 \times 50 \times \cdots \times 3 \times 2 \times 1$。这就是 52 的阶乘，或 52!，完整写出来是这样的：

80 658 175 170 943 878 571 660 636 856 403 766 975 289
505 440 883 277 824 000 000 000 000

或者，用科学记数法大约是 8.0658×10^{67}。如果从宇宙诞生开始，这副牌每秒随机洗一次，那么到现在也只有大约洗 4.32×10^{17} 次牌的时间——在所有可能的不同洗牌结果中，这个比例微不足道。公平地说，任何关于随机洗牌产生完美顺序的牌的故事都是假的——概率是八千亿亿亿亿亿亿亿亿分之一！随机洗出完美顺序的说法通常意味着有人在撒谎，或者洗牌过程并不是真正随机的。

国际象棋提供了更多可能的组合。常被称为"信息论之父"的美国数学家和电气工程师香农（Claude Shannon），就十分着迷于国际象棋和新兴的计算机科学领域之间的联系。1949 年 3 月 9 日，在纽约举行的全美无线电工程师协会大会上，香农发表了一篇题为《用计算机编程下国际象棋》（*Programming a Computer to Play Chess*）的论文。在这篇文章中，他论证了在国际象棋比赛的任一给定时刻，任何（合法）数量的棋子可能所处的位置数介于 10^{43} 到 10^{50} 之间。香农还估计了两名棋手在不重复自己的情况下可能进行的所有棋局数大约为 10^{120}，这就是所谓的香农数。当然了，这包括在实践中永远不会出现的各种棋局，除非一方或双方棋手根本不知道自己在做什么。那些对棋局有基本了解并有办法避免荒谬棋步组合的棋手，他们之间的现实棋局数量要少得多，但还是很巨大。香农意识到，国际象棋的香农数，或更专业地说，国际象棋博弈树的复杂性是如此之大，以至于要让计算机战胜人类，计算机的程序就不能仅靠一上来就分析所有可能的位置。

我们熟悉的其他游戏也有各自的博弈树复杂性。井字棋显然比国际象棋简单得多。尽管如此，它还是会产生相当多的对局形势。第一个玩家可以在 9 个位置中的任何一个上打"O"或"×"。第二个玩家可以从剩下 8 个位置中选择，以此类推。顺着这个思路继续推理，可以得出井字棋博弈树大小的上限为 $9! = 362\,880$。但这个数包括了许多不符合规则的情形，因为按照规则，当一个玩家画出一条有 3 个 O 或 × 的直线时，游戏就结束了，因此并不是所有 9 个方格都必须填满。事实证明，可能的符合规则棋局数量为 255 168，如果不考虑位置的反射和旋转，那么只有 26 830 种。

流行的四子棋游戏比井字棋复杂得多。它的玩法是使用一个 6 行 7 列的垂直棋盘和两组彩色棋子，首先将 4 个己方颜色的棋子排成一条直线者获胜。总共有 4 531 985 219 092 个不同的棋位和大约 1.1×10^{20} 种可能的对局形势。西洋双陆棋又比四子棋复杂得多。事实上，西洋双陆棋的可能对局数约为 10^{144}——尽管西洋双陆棋的可能棋位远少于国际象棋，但它的可能对局数却远远多于国际象棋。围棋则比我们之前提到的游戏都要复杂得多。大约 2300 年前，中国人发明了围棋。围棋最常见的玩法是在一个由 19×19 条线组成的正方形网格上进行（见图 3-1）。两名棋手各执黑白子，轮流将己方的棋子放在线与线的交叉点上。围棋虽然规则简单，但要玩得好，所需的策略极不简单。据估计，围棋有约 10^{172} 个棋位和 10^{360} 种不同的棋局。

图 3-1　一盘正在进行的围棋。使用标准的 19×19 棋盘，

估计有 10^{360} 种可能的不同棋局

如果我们认为宇宙是由许多微小的单元格或亚原子大小的位置组成的，其中每个格子或位置都可能处于各种不同的状态，那么我们就可以把它看作一个巨大的棋盘。这让我们回到了第 2 章中谈到的庞加莱重现时间的概念。特别是，如果宇宙

棋局是用自然界中最小的粒子在一个单元格宽度为 1 普朗克单位的棋盘上进行的，那么棋位返回到某个特定状态所需的时间（以年为单位），就是我们提到的由佩奇计算出的巨大的数——$10^{\wedge}10^{\wedge}10^{\wedge}10^{\wedge}10^{\wedge}1.1$。

几个世纪以来，计算一个复杂系统达到某一特定状态的概率问题以各种形式出现在人们面前。其中就有一个可以追溯到一个多世纪前的经典思想实验，它是关于猴子和打字机的问题。早在 1913 年，法国数学家博雷尔（Émile Borel）就已经讨论过这个问题了，也许在那之前也有人讨论过。常见的表述是：一只猴子在打字机上随机按键，要花多长时间才能一字不差地打出莎士比亚（Shakespeare）的《哈姆雷特》（*Hamlet*）。很明显，这只猴子打出的大部分内容都会是胡言乱语，即使打出一个正确的只有三个字母的英语单词也很罕见。

《哈姆雷特》的第一句话是勃那多说的："谁在那？"（Who's there?）。猴子按到"W"的概率是 1/44，因为标准打字机的键盘有 44 个键。紧接在"W"之后按到"H"的概率也是 1/44，因此按出序列"WH"的概率是 1/44 乘以 1/44，即 1/1936。在任何一次尝试中，这只假想中的猴子能按出《哈姆雷特》中第一个词的概率只有可怜的 1/（44 × 44 × 44），也就是 1/85 184。接下来，猴子必须按撇号，然后是"S"，然后是空格。你看出问题了吧：你赢得大乐透彩票的机会都比这个大——我们甚至还没有开始讨论第二个词呢！更重要的是，这只猴子只要犯一个错误，那之前的所有努力都将付诸东流，并且在那之前它设法打出的任何正确序列都必须抛掉，然后重新开始。

《哈姆雷特》是莎士比亚最长的戏剧，包含 30 557 个英文单词，大约 130 000 个字母、标点符号和单词之间的空格。假设大写字母是单独的键，那么以随机按键的方式一次性正确打完《哈姆雷特》的概率约为 1/（$4.4 \times 10^{360\,783}$）。在真实的打字机上，打出大写字母和一些标点符号则需要同时按下两个键（Shift 键加另外一个键），这大大降低了成功的概率。事实是，即使宇宙中挤满了亚原子大小的猴子，这些猴子自宇宙大爆炸以来一直在亚原子大小的打字机上不停地敲打，它们也只有一万亿分之一的概率能正确地打出《哈姆雷特》的前 79 个字符。

当然了，真正的猴子并不会像打字员那样整天不间断地勤奋工作，哪怕是乱打也不行。2003 年，在英国德文郡的佩恩顿动物园里，人们通过行为艺术证实了这一点。他们在 6 只苏拉威西冠毛猕猴的围栏里放了一个电脑键盘，键盘通过无线电连接到一个网站。猴子可以在屏幕上看到自己努力的结果。在猴子们对新玩具保有新奇的时期，它们成功打出了 6 页文字，其中大部分是字母"S"。此后，雄性领袖在一怒之下用石头猛砸键盘，而其他猴子最后在键盘上撒尿。

2011 年，美国程序员安德森（Jesse Anderson）争取到了一支更顺从的虚拟猴子大军的帮助，不仅重现了《哈姆雷特》，而且还重现了莎士比亚的所有作品。利用亚马逊的 EC2 云计算系统，他同时运行了数百万个小型计算机程序，每个程序都会产生 9 个字符的随机序列。不过，这比原始的"猴子和打字机挑战"缩水很多。只要莎士比亚著作的任何地方出现了这 9 个字母的序列，安德森就将其勾选为已完成。这与必须一次性正确打出《哈姆雷特》的所有字母和其他字符的壮举不可同日而语。正如安德森所指出，好的方面是，"这是有史以来最大的随机复制作品。这对猴子来说是一小步，但对世界各地的虚拟灵长类动物来说是一大步"。

博尔赫斯（Jorge Luis Borges）等作家探索了与猴子和打字机类似的概念。在 1941 年出版的短篇小说《巴别图书馆》（*The Library of Babel*）中，博尔赫斯设想了一个巨大的图书馆，里面藏着许多开本和版式都相同的书：每本书有 410 页，每页有 40 行，每行大约有 80 个黑字。通篇只使用 22 个字母、逗号、句号和空格，但这些字符的每一种可能组合都按照通用格式出现在图书馆的某本书中。大部分书看起来只是一堆毫无意义的字符，剩下的小部分则相当有序，但仍然没有任何明显的意义。例如，有一本书，只有字母 A 不断重复；另一本完全相同，只是第二个字母换成了 B。还有一些书，里面的单词、句子和整个段落虽然在某些语言中语法正确，但不合逻辑。有些是真实的历史；有些声称是真实的历史，但实际上是虚构的；有些包含了对尚未发明或发现的设备的描述。在图书馆的某处有一本书，其中包含了 25 种基本符号可以想象得到的或以特定格式写下来的每一种组合。然而，所有这些都毫无用处，因为如果事先不知道真或假、事实或虚构、有意义或无意义，如此详尽的符号组合没有任何价值。

博尔赫斯的图书馆会有多大？美国埃默里大学的巴齐尔（Jonathan Basile）在网站上模拟了一个英语版本的巴别图书馆。他编写的算法通过迭代 29 个字符（26 个英文字母、空格、逗号和句号）的每一种排列来生成一本"书"。每本书都有坐标标记，对应于它在六角形图书馆中的位置，以便每次都能在同一位置找到它。据说，该网站包含"所有可能的 3200 个字符的页面，大约 10^{4677} 本书"。网站还有一个搜索工具，用户可以通过该搜索工具锁定任何已知文本页面在图书馆中的位置。用这种方法可以找到《哈姆雷特》的单个页面，尽管找到同一卷同一作品任何其他页面的概率几乎为零。如果用户以每秒一本的速度点击图书，大约需要 10^{4668} 年才能浏览完图书馆。

尽管巴齐尔的图书馆本质上毫无用处，但它还是有一些引人注目的地方。它包含了每一页已经写成或将要写成的东西（在其格式范围内）——过去、现在和未来的每一个新闻故事，每一部戏剧和小说，每一部事实和虚构的作品（包括本书），以及每一项即将产生的科学发现。在它的某个地方，连同许多毫无意义或虚假的东西，隐藏着对广阔时空中每一颗行星的准确描述，以及生命和宇宙起源的真实细节。

写到这里，我们已经遇到了一些令人印象深刻的大数，现在是时候开始考虑如何用方便、可控的方式来表示更大的数了。在处理大数时，我们通常使用的数学运算只有加法、乘法和幂运算。加法只是在某个起始数上重复加1（换句话说，就是一次向上加1）。如果起始数是8，我们想加上4，可以写成8加4个1：$8 + 4 = 8 + 1 + 1 + 1 + 1 = 12$。乘法是重复的加法，例如$7 \times 4 = 7 + 7 + 7 + 7 = 28$。幂运算是重复的乘法：例如$3^6 = 3 \times 3 \times 3 \times 3 \times 3 \times 3 = 729$。在大多数实际应用中，我们并不需要任何比一个数提升到另一个数的幂次更强大或更紧凑的运算。但我们即将冒险踏入一个远超实际的领域，所以需要超越我们熟悉的数的表示方式。

让我们先把加法、乘法和幂运算的一般形式写下来。不妨从一个不常听到的术语——后继运算开始。从数学上讲，我们从0开始加1，然后再加1，这样一直下去。我们能做的最简单的事是在数 a 上加1，得到它的后继：

$$a + 1$$

后继运算（至少以这里定义的形式）是我们在数学中学到的第一件事：如何一次一个地向上计数。下一步是一般的加法，即重复应用后继运算，换句话说，从数 a 开始，加上 b 个1。我们可以写成这样：

$$a + b = a + (1 + 1 + \cdots + 1)，其中括号里有 b 个 1$$

接下来是乘法。如果我们要将 a 乘以 b，就可以将其设定为：

$$a \times b = a + a + \cdots + a，其中有 b 个 a 相加$$

最后，我们可以将 a^b（a 的 b 次方）写成：

$$a^b = a \times a \times \cdots \times a，其中有 b 个 a 相乘$$

请注意，每一级运算都可以用比它低一级的运算来表示（例如，用重复的加法来表示乘法）；实际上，它只是一种表示比它低一级运算的紧凑方式。

在大多数情况下，我们不需要超出 a^b 的指数阶段。我们在日常生活中遇到的、在新闻中读到的，或者说，大多数科学家和数学家曾经处理过的那种大数，都可以轻松地用指数形式表示。在本书写作时，世界上所有的钱都可以非常紧凑地写成大约 37×10^{12} 美元。即使是研究上至整个宇宙、下至亚原子粒子的物理学家和天文学家，也能很好地处理指数形式的数。

不过，我们在本书中遇到了一些特别大的数，它们不能简单地写成某个数的幂次。例如，古戈尔普勒克斯是 $10^{古戈尔}$，但这样写是作弊，因为 1 古戈尔等于 10^{100}。我们应该老老实实地用指数把它写成：

$$古戈尔普勒克斯 = 10^{10^{100}}$$

同样，如果我们回想斯奎斯数和佩奇的宇宙重现时间，这些都需要一堆幂次，以便我们能在不用 0 填满本书或整个宇宙的情况下表示它们。

人们通常用插入符号或扬抑符 ^ 来表示幂次的幂次，这是一种方便的手段，特别是在你想避免排版问题时。问题是，一旦你开始处理比古戈尔普勒克斯或斯奎斯数甚至佩奇的宇宙重现时间大得多的数时，这种表示方法就不好用了。正如就 100 万亿来说，10^{14} 比 100 000 000 000 000 更容易读写，我们也想用一种更简洁的方式来表示巨大的数，比如 10^ 10^ 10^ 10^ 10^ 10^ 10^ 10^ 10^ 53。

英国数学家古德斯坦（Reuben Goodstein）在 1947 年的论文《递归数论中的超限序数》（*Transfinite Ordinals in Recursive Number Theory*）中，为幂运算的下一级运算创造了"四次迭代"（tetration）这个术语。这个词由"四"（tetra，希腊语）和"迭代"（iteration）组合而成，表示四次迭代是排在加法、乘法和幂运算之后的第四级运算。

正如我们可以将幂运算总结为：

$$a^b = a \times a \times \cdots \times a, \text{ 其中有 } b \text{ 个 } a \text{ 相乘}$$

我们可以将四次迭代总结为：

$$^b a = \underbrace{a^{a^{a^{\cdot^{\cdot^a}}}}}_{b}$$

其中 b 个 a 通过幂运算组合起来，从右到左计算。

例如，$^5 10$ 表示 10^ 10^ 10^ 10^ 10 或

$$10^{10^{10^{10^{10}}}}$$

其他人，比如美国布林莫尔学院的布罗默（Nick Bromer），在 1987 年发表的一篇论文中使用了超幂运算这个词来代替四次迭代。但这两个词的意思完全相同：它们都是指"加法、乘法和幂运算"这个运算序列中的下一个运算。我们大多数人从未遇到过超幂运算或四次迭代；就这一点而言，其实大部分数学家也不例外，除非他们碰巧专门研究一个需要处理非常大的数的领域。不过，既然这是一本专门讨论大数的书，我们就需要习惯这些奇怪的术语。为大数想出有意义的名字和定义方法，也是这里讨论的主题对我们提出的一项挑战。

我们还需要注意术语的准确性。例如斯奎斯数

$$10^{10^{10^{34}}}$$

就不是一个四次迭代，因为并不是所有的指数都是一样的。就像古戈尔普勒克斯和佩奇的宇宙重现时间一样，它的形式是

这被称为迭代指数。也有可能有的数看起来像

其中所有的指数都是不同的，在这种情况下，它被称为嵌套指数。

　　我们稍后将看到，还有其他表示四次迭代的方法，可以轻松扩展到更强大的运算。毕竟，为什么要止步于四次迭代呢？如果四次迭代是重复的幂运算，那么重复的四次迭代将把我们带到下一级运算，古德斯坦称之为"五次迭代"。接下来是"六次迭代"，以此类推。数学家将这个算术运算的序列——后继、加法、乘法、幂运算、四次迭代、五次迭代，以此类推——称为超运算序列，这个序列会一直持续下去。从后继开始，后继称为超 0- 运算，四次迭代称为超 4- 运算，五次迭代是超 5- 运

算，六次迭代是超 6- 运算，等等。

尽管我们提到古德斯坦发明了"四次迭代"这个术语，但他肯定不是第一个提出超运算概念或为其命名的人。早在 1901 年，德国数学家毛雷尔（Hans Maurer）就引入了"n 次 a 的 a 次方"的符号 ^na，但直到 1995 年拉克（Rudy Rucker）在其著作《无限与心灵》（*Infinity and the Mind*）中写到这个符号时，它才引起广泛关注。

考虑比幂运算更强大的运算，这一想法的起源可以追溯到更早的时间。故事真正开始于 18 世纪的瑞士博学家兰贝特（Johann Lambert），他对数学、物理、天文学、逻辑学和哲学都做出了许多重要的贡献。他发明了第一台实用的湿度计（用于测量湿度），提出了太阳系起源的星云假说（这是今天公认模型的鼻祖），（正确地）提出了太阳是银河系中集体运动的恒星群的一部分，并在光度学方面做了开创性的工作。在数学上，他首次严格证明了 π 是无理数，研究了地图投影的一般性质，将双曲函数引入三角学，并预测了非欧几何。

兰贝特还定义了"兰贝特 W- 函数"（后获命名），该函数也被称为欧米茄函数或乘积对数函数。兰贝特用它来解决当时任何常规手段都失效的那些问题（如求解方程 $3x = 3^x$）。我们不需要深入探讨 W- 函数所涉及的错综复杂的问题，只需要知道它为弄清楚一个数无限次地取相同的幂次时会发生什么奠定了基础。兰贝特在 1758 年出版的第一本书中给出了 W- 函数；奇怪的是，这本书的主题是光在各种介质中的传播。不过，正是他的同胞欧拉（Leonhard Euler）通过所谓的幂塔函数将 W- 函数与四次迭代联系了起来，以此来使用 W- 函数。

欧拉比兰贝特年长 20 岁，是历史上最高产的数学家之一。欧拉曾在一篇论文中提到"天才的工程师兰贝特"，听起来颇有些明褒暗贬的意思！他们在数学上有相同的兴趣，特别是在数论领域。欧拉在兰贝特证明 π 是无理数之前，就证明了 e 是无理数。兰贝特在 W- 函数方面的工作则促使欧拉开始考虑后来被称为幂塔函数

$$y = f(x) = x^{x^{x^{x^{\cdot^{\cdot^{\cdot}}}}}}$$

的性质，其中 x 无限高地堆叠起来。粗略看一下，你可能就会发现，对于所有大于 1 的 x，这个函数都会趋于无穷大。我们习惯于使用"指数增长"一词来表示"爆炸性增长"，因此只要 $x > 1$，像欧拉幂塔函数这样的重复指数似乎就应该无限制地膨胀。但值得注意的是，情况并非如此：有许多大于 1 的 x 值，欧拉幂塔函数收敛于一个有限值。

例如，如果 $x = \sqrt{2}$，那么

$$y = \sqrt{2}^{\sqrt{2}^{\sqrt{2}^{\sqrt{2}^{\cdot^{\cdot^{\cdot}}}}}}$$

很容易证明这个值不是无穷大，也不是某个巨大的有限数，而是 2。在研究幂塔函数的过程中，欧拉成了超运算（超越简单的幂运算）的先驱。他是第一个深入研究我们现在所说的四次迭代的人。尽管他认识到，将一个幂提升到一个幂再提升到一个幂，这样一直提升下去，很快就会得出巨大的数，但他也发现了一些令人惊讶的结果。通往世界上最大的数的道路并不只有不断的上升，还有迷人的曲折。

第 4 章

—

向高处，
向远处

04

技术的进步时断时续。在一段时间内，除了已知或已发明出来的东西稳步发展之外，并没有太多事发生。然后，突然出现一个突破，将我们飞速带到一个全新的水平。例如，工业革命初期，实用蒸汽机的发明就是如此。当机械设备被电子设备取代时，这种情况再次发生，计算机横空出世。尽管一般公众不太注意，但这种情况又发生在真空管（或阀门）被晶体管取代之时。在数学中也是一样：一瞬间的灵感可以将我们带入一个我们从未怀疑过的思维领域。

当涉及真正大的数时，最棘手的问题之一是如何表示它们。我们很快就厌烦了书写一长串的 0，青睐用 10 的幂次来表示很大的数。然后，我们又了解到，除了加法、乘法和幂运算之外，还有一个始于四次迭代（重复的幂运算）的永无止境的超运算层级。但问题是，到了这一阶段，我们用来表示层级的方法还是和旧技术无异，这阻碍了所有进步的尝试。

我们说过，正如我们可以用 a^n 表示指数一样，四次迭代也可以用 ^na 表示。到目前为止，情况还不错，但接下来呢？将 n 移到底数 a 的左上方来表示四次迭代的技巧并不能重复用于下一级或之后的超运算。因此，为了记下远大于我们迄今为止遇到的所有的大数，需要一些更强大、更灵活的方案。

事实上，在过去一个多世纪里，人们设计了各种这样的方案。其中一些已经被主流数学家采纳，并写进了学术论文。另一些则在这一主题的边缘地带为人所知，并且最常用在大数的科普著作（比如本书）或古戈尔学家的网页上。古戈尔学家是一群在业余时间研究、命名和寻找表示大数新方法的数学家，有业余的，也有专业的。

我们已经看到，我们最熟悉的数学运算（加法、乘法和幂运算）是超运算的无限序列的一部分。严格来讲，这个序列是从后继运算开始的。然后，在加法、乘法和幂运算之后，再进行四次迭代、五次迭代等，一直延续下去。在这个序列中，每一级运算仅仅是前一级运算的重复操作，表示特定操作的常规方法是使用符号 H。例如，5×4 会写成 $H_2(5,4)$，这表明我们正在处理的是第二级超运算（乘法），因为后继运算是第 0 级超运算 H_0，加法是第一级超运算 H_1。或者再举一个例子，$H_3(2,5)$，第三级超运算是幂运算，$H_3(2,5)$ 表示 $2^5 = 2 \times 2 \times 2 \times 2 \times 2 = 32$。在这之后是 H_4，它是四次迭代或重复的幂运算。例如 $H_4(4,3)$ 是 4 的 4 次方的 4 次方，即 $4^{256} \approx 1.34 \times 10^{154}$。

一个不同但等价的符号系统使用方括号来表示超运算的层级，其形式为 $a[n]b$。使用我们刚刚举的例子：

$$H_2(5,4) = 5[2]4$$
$$H_3(2,5) = 2[3]5$$
$$H_4(4,3) = 4[4]3$$

1976 年，美国计算机科学家和数学家高德纳（Donald Knuth）提出了另一种在超运算序列中书写数的等价方式，即向上箭头表示法。此前，高德纳已经凭借其多卷本的著作《计算机程序设计艺术》（*The Art of Computer Programming*，第一卷于 1968 年出版）在理论计算机科学领域成为领军者。他也出版了第一本关于新的、可扩展的数值系统的书，该数值系统由英国数学家康威（John Conway）提出，不仅包括所有的有限数，还包括所有无限大和无限小的数。

1972 年的一次午餐会上，康威向高德纳解释了非凡的新数值系统背后的想法。高德纳立刻就被迷住了。次年，高德纳待在挪威奥斯陆大学。在写作《计算机程序设计艺术》的一周间歇里，高德纳写了一部小说介绍康威收集的令人难以置信的大数。高德纳将这些数命名为"超现实数"。"我相信这是唯一一次，"高德纳写道，"首先在小说中发表一个重大的数学发现。"高德纳的中篇小说《超现实数：两个昔日学子如何转向纯数学并找到了圆满的幸福》（*Surreal Numbers: How Two Ex-Students Turned on to Pure Mathematics and Found Total Happiness*）采用了一对年轻夫妇对话的形式来讲故事。这对夫妇在大学里一起学习数学，后来被困在一个岛上。两人在沙滩上偶然发现了几块石碑，这些石碑为他们提供了一些线索，告诉他们如何从空集（没有"元素"或成员的集合）和一些简单的规则开始，构建康威的数值系统。正如高德纳所指出，他写这本书的主要目的，不仅仅是解释超现实数，还想让人们了解数学研究是什么样的。小说中的这对夫妇在理解超现实数的道路上并不是一帆风顺，而是像在现实世界中的研究一样会犯错误，并且在找到更好的前进方式之前，不得不重走几步老路。

高德纳继续他的冒险，深入黑暗的数字王国。他在《科学》（Science）杂志发表了一篇论文，公布了向上箭头表示法。单个向上箭头表示幂运算。例如，$2 \uparrow 4 = 2 \times 2 \times 2 \times 2 = 2^4 = 16$。

两个向上箭头把我们带到了超运算的下一级：四次迭代。例如，

$$2 \uparrow\uparrow 4 = 2 \uparrow (2 \uparrow (2 \uparrow 2)) = 2 \wedge 2 \wedge 2 \wedge 2 = 2^{16} = 65\ 536$$

再加一个向上箭头，我们就到了五次迭代这一级：

$$2 \uparrow\uparrow\uparrow 4 = 2 \uparrow\uparrow (2 \uparrow\uparrow (2 \uparrow\uparrow 2))$$

现在我们继续，从右到左计算：

$$2 \uparrow\uparrow (2 \uparrow\uparrow (2 \uparrow\uparrow 2)) = 2 \uparrow\uparrow (2 \uparrow\uparrow (2 \uparrow 2)) = 2 \uparrow\uparrow (2 \uparrow\uparrow 4) = 2 \uparrow\uparrow 65\ 536$$

计算这个数可以产生一个高为 65 536 的 2 的幂塔。即使是高为 5 的幂塔也会得到一个大得离谱的数，大约有 26 300 位数字。在 5 的幂塔上再添一个 2，就完全使古戈尔普勒克斯相形见绌了。然而，还有 65 530 个 2 没有完成！

那么六次迭代 2↑↑↑4 呢？结果是：

$$2↑↑↑(2↑↑↑(2↑↑↑2))) = 2↑↑↑(2↑↑↑4)$$

你需要将五次迭代后的 2 代入这个高为 65 536 的强大幂塔。从 2 开始，这将产生一系列幂塔，每一个幂塔的结果都是下一个幂塔的高度。首先是 2，然后是 2↑↑2 = 4，然后是 2↑↑4 = 65 536，然后是 2↑↑65 536，也就是之前的幂塔，以此类推，而这样的幂塔数量本身又是一个高为 65 536 的幂塔。

就像古戈尔普勒克斯一样，2↑↑↑↑4 虽然看起来小得可笑，但它不能完整地写出来，也不能存储在任何可以实际构建的计算机内存中，无论现在还是将来。它只是一个数，大到超出了宇宙以十进制数字形式显示的能力。然而，我们可以仅用 6 个符号非常简洁地表示它：2↑↑↑↑4。

向上箭头的运算结果在很大程度上不仅取决于向上箭头的数量，而且取决于它所操作的数。从 2↑4 到 2↑↑4，我们从 16 变成了 65 536。但假设我们把 2 换成 5，把 4 换成 3。在只有一个向上箭头的情况下，$5↑3 = 5^3 = 5 × 5 × 5 = 125$。但四次

迭代 $5\uparrow\uparrow3$ 是 $5\uparrow(5\uparrow5) = 5\uparrow5^5 = 5^{3125}$。5 自乘 3125 次的值约为 1.911×10^{2184}。请记住，我们之前看到的四次迭代 $2\uparrow\uparrow4$，结果只有 65 536；很显然，被四次迭代所操作的数的大小对结果的增长速度有着巨大影响。想象一下，当我们使用三个向上箭头表示五次迭代时，数值的爆炸式增加将会多么壮观。

尤其是像 2、3、4、5 之类的数字都很小时，四次迭代和五次迭代结果的令人着迷的壮观规模就更加明显了。想象一下四次迭代 $53\uparrow\uparrow19$ 或更大的五次迭代 $74\uparrow\uparrow\uparrow136$ 的结果吧。然而，如果我们与更多向上箭头进行相关的超运算时，即使是这些数字巨头也会相形见绌。

你可能会想，我们究竟为什么需要表示如此巨大的数的方法呢？当然，这根本就没有什么实际的理由。在真实的物理宇宙中，没有任何东西能与我们刚刚完整写出的数字相对应，更不用说用十进制完整写出 $2\uparrow\uparrow\uparrow4$ 的所有数字了。但我们在这里不是探索物质世界的极限，也不局限于从实际角度来看有意义或有用的东西。我们是在纯数学领域探索，这里所包含的，以及以我们选择的任何方式来表示数的"空间"是无限的；在这里，没有必要仅仅因为某个东西没有物理关联就质疑它的意义。

与我们迄今为止遇到的其他任何符号相比，高德纳向上箭头表示法都强大得令人印象深刻。但你可能会像厌烦写一长串 0 一样，厌烦写一长串的向上箭头。例如，这就是一个用向上箭头表示法指定的完全有效的数：

$$8\uparrow17$$

如果把它写成普通数的形式会是什么样呢？人的大脑会僵住。但即使用向上箭头的形式表示，它看起来也很笨重。这一行有多少个向上箭头呢？有 39 个！但你只有亲自数过才能知道，这就很痛苦了。一个好得多的办法是把它写成更紧凑的形式——$8\uparrow^{39}17$，这样我们一眼就能知道在算什么。

很容易看出，高德纳向上箭头表示法等价于我们前面提到的在超运算序列中表示数的两种速记办法。唯一的区别是，向上箭头仅在幂运算阶段开始使用，因此向上箭头的数量总是比 H 的下标或方括号里的数少 2。还是用我们在描述 H 运算符和方括号方法时的例子：

$$H_2(5,4) = 5[2]4 = 5 \times 4 \,(\text{乘法没有向上箭头})$$
$$H_3(2,5) = 2[3]5 = 2\uparrow 5$$
$$H_4(4,3) = 4[4]3 = 4\uparrow\uparrow 3$$

每一种等价方案都涉及所谓的二元运算符，因为它只作用于两个元素——H 运算符后面括号中的数，或方括号两边的数，或向上箭头两边的数。这三个不同的参数（超运算的级别和被作用的两个元素）分别称为秩、底数和指数（或超指数）。例如，在 $H_3(2,5)$ 中，3 是秩，2 是底数，5 是指数。在向上箭头的情况下，向上箭头的数量加 2 就是秩。例如，对于 6↑↑3，秩是 5，底数是 6，指数是 3，我们可以将 6↑↑3 读作 "6 的第三个五次迭代"。

我们可以用超运算表示法的三种等价形式来表示一些非常大的数，像 $H_{43}(15,7)$、24[73] 18 和 62↑^{101} 29 这样大得惊人的数。但是以向上箭头表示法为例：如果我们不断地增加向上箭头——增加很多很多——会怎样呢？例如，有这样一个数：

$$43↑^{26\ 000\ 000\ 000\ 000\ 000\ 000\ 000\ 000\ 000\ 000\ 000\ 000\ 000\ 000}85$$

其中 43 和 85 之间有 2600 亿亿亿亿亿个向上箭头。

现在的问题不是追踪向上箭头的数量，而是追踪有多少个向上箭头指数中的 0 的数量！我们可以将向上箭头的指数写成 26×10^{42}，但这样一来，我们又回到了之前的情况：陷入了不得不写指数的指数，然后是指数的指数的指数等不便和排版噩梦中。这种写法肯定会让你与出版方的制作团队友谊尽失。事实是，即使是高德纳向上箭头表示法，最终也会达到一个不可行的阶段。

因此，当听到有人设计出了其他巧妙的方案来表示非常大的数时，你应该不会感到惊讶。方案之一就是以其创造者斯坦豪斯（Hugo Steinhaus）和推广者莫泽（Leo Moser）的名字命名的斯坦豪斯 – 莫泽表示法。斯坦豪斯是一位犹太裔波兰数学家，

1911 年在德国哥廷根大学获得博士学位，师从当时世界上最伟大的数学家之一希尔伯特（David Hilbert）。斯坦豪斯和他的波兰同胞巴纳赫（Stefan Banach）一起发现了泛函分析这一数学分支中最重要的结果之一。斯坦豪斯也被视为博弈论和概率论发展进程中的领军人物。在 1950 年出版的通俗读物《数学快照》（*Mathematic Snapshots*）中，斯坦豪斯提出了一种用三角形、正方形和圆表示大数的方法。他首先定义，三角形内的数 n 表示 n^n。例如，

$$\triangle\!\!\!\!2 = 2^2 = 4$$

接下来，正方形内的数 n 表示 n 个三角形内的数 n。举个例子，

$$\boxed{2} = \triangle\!\!\!\!\triangle\!\!\!\!2 = \triangle\!\!\!\!2^2 = 4^4 = 256$$

最后，圆内的数 n 表示 n 个正方形内的数 n。继续我们 $n = 2$ 的例子，我们得出如下结果：

$$\textcircled{2} = \boxed{\boxed{2}} = \boxed{\triangle\!\!\!\!\triangle\!\!\!\!2} = \boxed{\triangle\!\!\!\!2^2} = \boxed{4^4} = \boxed{256}$$

斯坦豪斯称正方形内的 256 这个数为兆。问题是：它到底

有多大？

1 兆等于嵌套在 256 个三角形内的 256。最里面的三角形表示 256^{256}，如果把这个数完整写出来，它本身就非常令人印象深刻：

32 317 006 071 311 007 300 714 876 688 669 951 960 444

102 669 715 484 032 130 345 427 524 655 138 867 890 893

197 201 411 522 913 463 688 717 960 921 898 019 494 119

559 150 490 921 095 088 152 386 448 283 120 630 877 367

300 996 091 750 197 750 389 652 106 796 057 638 384 067

568 276 792 218 642 619 756 161 838 094 338 476 170 470

581 645 852 036 305 042 887 575 891 541 065 808 607 552

399 123 930 385 521 914 333 389 668 342 420 684 974 786

564 569 494 856 176 035 326 322 058 077 805 659 331 026

192 708 460 314 150 258 592 864 177 116 725 943 603 718

461 857 357 598 351 152 301 645 904 403 697 613 233 287

231 227 125 684 710 820 209 725 157 101 726 931 323 469

678 542 580 656 697 935 045 997 268 352 998 638 215 525

166 389 437 335 543 602 135 433 229 604 645 318 478 604

952 148 193 555 853 611 059 596 230 656

我们称这个数为 $n1$，在十进制下它有 617 位，以 10 的幂次表示，大约为 3.23×10^{616}。很显然，它要比古戈尔大得多，后者只有 10^{100}。但我们这才刚刚开始通过三角形里的三角形来计算兆。接下来，我们必须计算出 $n1^{n1}$ 的值：一个 617 位长的数，提升到自身的幂次。这不可能计算出来，因为答案大约有 10^{616} 位数字——这个数远远大于宇宙中亚原子粒子的数量。这才是第一步，后面还有 254 个三角形需要计算！

当把兆写成圆内一个 2 时，它看起来如此简洁紧凑，实则是一个伪装起来的怪物：它使古戈尔普勒克斯和斯奎斯数看起来几乎与零没有区别。我们无法知道兆的确切数值，但只要在笔记本电脑上花几个小时计算，就不难计算出它的最后几位数字——尽管这一点看起来很奇怪。我们永远无法计算出兆的第一位数字和接下去的大部分数字，但我们知道它的最后几位数字绝对是 42 656。例如，最后的 6 很容易解释，因为在计算 256 的巨大幂塔时，6 会自乘很多次，而 6 的任何整数次方都以 6 结尾：个位上的 6 正是来源于此。

不难证明（尽管我们不会在这里展示），用向上箭头来表示，兆的数值介于 $10\uparrow\uparrow 257$ 和 $10\uparrow\uparrow 258$ 之间。这看起来或许温和得让人诧异。毕竟，我们一直在给兆做巨大的积累，并说明当我们以斯坦豪斯的形式穿过不同层级的符号向上推进时，它的数值之大是多么令人震惊。然而，它的上界和下界可以用向上箭头非常紧凑地写下来。以我们所习惯处理的普通数值的标准来看，兆确实是巨大的。$10\uparrow\uparrow 257 <$ 兆 $< 10\uparrow\uparrow 258$ 这一事实正好说明了四

次迭代与我们更熟悉的加法、乘法甚至幂运算等低阶运算相比有多么强大，高德纳的向上箭头在表示大数时又是多么强大。

在《数学快照》中，斯坦豪斯命名了一个更大的数，即 Megiston 数，定义为

$$\boxed{10}$$

用向上箭头表示，它可以表示成一个五次迭代，其值介于 $10\uparrow\uparrow\uparrow 11$ 和 $10\uparrow\uparrow\uparrow 12$ 之间。

莫泽将斯坦豪斯设计的符号推广到了五边形、六边形、七边形以及一般的 x 边形，其中写有一个任意数。斯坦豪斯－莫泽表示法用五边形代替了圆，并使用五条边以上的多边形，使其所能表示的数以惊人的速度增长。一般来说，x 边形内的数 n 等于嵌套在 n 个 $x-1$ 边形内的数 n。

莫泽数定义为写在兆边形（megagon）内的数。在这里，我们使用 megagon 来表示有兆条边的多边形，这与它的另一个含义不同。在传统的平面几何中，megagon 表示有 100 万条边的多边形。要记得兆本身就是一个介于 $10\uparrow\uparrow 257$ 和 $10\uparrow\uparrow 258$ 之间的巨大的数，而我们现在处理的可是一个有兆条边的多边形。所以很明显，这个莫泽数确实非常非常大。用向上箭头表示，莫泽数的值介于 $2\uparrow^{兆-2}3$ 和 $2\uparrow^{兆-2}4$ 之间。考虑到每增加一个向上箭头所带来的惊人增长规模，以及我们在这里谈论的是

（兆－2）个向上箭头时，这就大得让人叹为观止了。兆是四次迭代级别的数（值介于 $10\uparrow\uparrow257$ 和 $10\uparrow\uparrow258$ 之间），而莫泽数之大，涉及兆次迭代级别数量的向上箭头！

通过莫泽数，我们得到了一些新的东西：一个以向上箭头表示的数，并涉及向上箭头数量的递归。在艺术、音乐、语言、计算和数学中，递归以各种不同的形式出现，但它总是指反馈到自身的东西。在某些情况下，这只会导致无休止的重复循环。例如，有一个笑话术语条目就是："递归。参见递归。"在更精细的尺度上，埃舍尔（Maurits Escher）1956 年的版画名作《画廊》（*Print Gallery*）中也出现了递归循环，它展示了一个城市的画廊，这间画廊中有一张城市画廊的图片……在工程中，一个经典的递归例子是反馈，即系统的输出返回作为输入。对舞台上的表演者（如摇滚乐手）来说，这是一个常见的问题。如果麦克风在所连接的扬声器前面，就经常会发生这种情况。麦克风接收到的声音经过放大，从扬声器中传出，然后以更高的音量重新进入麦克风，再次被放大，就这样一直快速持续，直到出现熟悉的、刺耳的反馈尖叫声（即回授）。数学中的递归原理也是类似的：函数相当于前例中的电子系统（麦克风—放大器—扬声器的组合），它调用自身，以便将自己的输出作为输入反馈回来。

著名的斐波那契数列是数学递归的一个简单例子。这个数列从数 1、1 开始，然后将这两个数相加得到 2，继续将两个数相加，产生斐波那契数列 1、1、2、3、5、8、13、21、34、55……17 世纪，德国天文学家和数学家开普勒（Johannes Kepler）证明，斐波那契数列中相邻两项的比（1/1、2/1、3/2、5/3、8/5……）会接近数学中经常出现的一个数（就像 π 一样），称为黄金分割比 ϕ，约为 1.618。1765 年，欧拉发表了一个公式，证明斐波那契数以速率 ϕ 指数增长，不过现在它被张冠李戴地称为比内公式。

被称为分形的图形是由递归产生的。分形的定义特征之一是自相似性，即整个对象与它的一个或多个部分具有相同或相似的形状。一个简单的例子是谢尔宾斯基三角形（见图 4-1），它的整体形状是一个等边三角形，通过反复移除三角形的子集构建而成，如图 4-2 所示。

图4-1　谢尔宾斯基三角形是通过递归地应用一组简单规则而演化出的分形图形

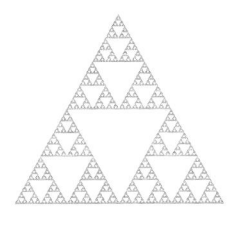

图4-2　八次迭代后的谢尔宾斯基三角形

从现在开始，我们将发现，以各种形式出现的递归是表示和定义更大数的大部分尝试的核心。在莫泽数的例子里，我们看到了一个以向上箭头描述的数（兆）为起点的递归过程，该过程最终指定了描述莫泽数所需的向上箭头数。没有什么能阻止我们重复这一过程，并用 1 莫泽数的向上箭头定义出一个新的数——"怪物莫泽数"。我们把怪物莫泽数定义为 $2\uparrow^{莫泽数}3$。为什么要止步于此呢？在数学宇宙的无限空间中，某个地方就存在一个我们称为"兆怪物莫泽数"的数，它等于 $2\uparrow^{怪物莫泽数}3$，以此类推。关键是，定义莫泽数的方式既让我们初步了解了递归的力量，也了解了远超高德纳向上箭头表示范围的数。

当然，斯坦豪斯—莫泽表示法作为表示大数的一种图形形式，除了像我们提到的一些简单情形外，在实践中是不可能使用的。即使是有几十条边的多边形也很难画。一个有兆条边的多边形（在表示莫泽数时需要）在物理上是不可能的：即使在亚原子水平上，它也无法与真正的圆区别开。尽管斯坦豪斯—莫泽表示法作为一种数学速记是不切实际的，但它在揭示递归的强大效力方面是很重要的。事实上，它是最早被设计出来的将我们带入与快速增长层级同一领域的系统之一。稍后我们将更多地讨论这类层级，因为在达到数学所有分支中部分可良好的定义的最大的数时，它是被最广泛接受和证明可靠的方法。但我们需要循序渐进，在接下来的几章中一小步一小步地接近它，这样才能正确地理解它。

至此，我们已经在旅途中遇到了一些大得无法用头脑完全领会的数。我们可以模模糊糊地想象 10 亿甚至 1 万亿。但对于兆这样巨大的东西，我们的理解能力就捉襟见肘了，更不用说莫泽数了。任何超出我们直接感知或体验能力的事物都会带来智力上的挑战。我们在试图理解量子世界的运行或宇宙的规模时，也面临着类似的障碍。我们所能希望的，就是最大努力遵循和理解那些明确地定义兆和莫泽数这类数的步骤。

这引出了一个有趣的哲学问题，我们稍后会更详细地讨论它。之前说过，我们可以毫无疑问地证明，兆以 42 656 结尾，但我们永远不知道它的第一位数字是什么，也不知道后面几乎所有的数字。我们可以说兆在某种意义上存在，因为我们可以准确地定义它。它等于 256 提升到一连串 256 的幂次——一个 256 层高的幂塔。这种描述足以标定一个特定的数。但问题来了：如果这样描述的数永远不能（以十进制的形式）完整地写出来，并且它的绝大部分数字都是未知的（实际上是不可知的），那么它是以何种状态存在的呢？如果在我们所处的现实世界中，永远无法发现兆的第一位数字是什么，那我们能知道它的什么性质呢？第一位数字——一个介于 1 到 9 之间的数——是否像其他数一样处于某种概率状态，类似于原子中电子位置的不确定性？这似乎不太合理：数学并不受量子力学规则的支配。它的存在是否仅限于物理领域之外的某个柏拉图式的数学宇宙？或者问得更笼统些：在我们用大脑或机器确定数学对象的确切性质或数值之前，它们存在于何处？

古希腊哲学家柏拉图认为，抽象对象可以独立自发地存在。换句话说，柏拉图主义认为，存在一个不同于我们可以感知的外部世界和意识的内部世界的第三领域。大多数数学家都认为自己在一个柏拉图式的领域内工作，里面有数之类的东西。但归根结底，当我们试图深入理解数学、思想和物质之间的相互作用时，我们必须直面这个问题。

以莫泽数为例，它可以用斯坦豪斯－莫泽表示法的巧妙紧凑的形式确定下来，并且原则上有一种计算它的简单方法。但我们永远无法知道它的确切数值，因为宇宙缺乏且永远缺乏时间、空间、物质和能量方面的资源来计算它。那么，如果我们说莫泽数的第一位数字存在，这是什么意思？它存在于何处，又以何种形式存在？

完全相同的问题也适用于数 π 的小数展开。我们确切地知道 π 是什么。π 的几何定义（圆的周长与直径的比值）比莫泽数"图形套图形"的定义更容易理解。π 从 3.14159 开始，然后以小数的形式永远进行下去，且不会落入某个无限重复的形式。计算机已经将 π 的数值计算到了小数点后约 10 万亿位。我们所知的数字已经以某种方式进入了物理宇宙，它们的值被永远地确定下来。正因为这些数字本质上是固定不变的，我们不能说这些数字是一个随机序列。随机性意味着不确定，但在这里没有什么是不确定的，比如，π 的小数点后第五百位就是确定的。这些数字在某种意义上比我们尚未计算出的数字更真实吗？

思考一下迄今为止已经计算出的所有 π 小数位的下一位的数字。我们知道下一个数字存在，因为我们能证明 π 是无理数，因此它的小数展开必须是无限不循环的。但目前我们还不能说出下一个未知数字是 0 到 9 中的哪一个。我们甚至不能说出它是哪一个数字（比如 2）的可能性更大，因为我们不知道 π 是否"正规"。如果一个数的各位数字中没有哪个数字比其他数字出现得更频繁，那么就称这个数是正规数。因此，如果一个以 10 为基数的（换句话说，表示为十进制的）数是正规数，那么在足够长的序列中，从 0 到 9 的每个数字出现的可能性都相同。

将来，我们肯定能极大地提高已知 π 的准确性，但总会有下一个没有弄清楚的小数位。无论我们的计算机变得多快，也不管它们花多长时间试图更精确地计算 π，我们都永远不知道下一位数字是什么。

持柏拉图主义或现实主义数学观的人认为，所有数学对象，包括 π 和莫泽数等数，都是独立于我们对它们的认识而完整存在的。这往往是该领域专业人士的默认立场：所有的数学都以某种方式在外面存在，就像埋藏的宝藏一样，等待我们去发掘。至于"外面"是什么地方，仍然是一个有争议的问题。与这一标准哲学观点相对立的，是各种形式的反现实主义，他们质疑数学独立于思维或它所描述的物理现象之外而存在。

事实是，大多数数学工作者，就像大多数科学家一样，并不怎么去研究哲学，至少不是将哲学作为日常工作的一部分去研究，因为它很少与他们的实际工作有任何关系。同样地，大多数数学家不需要考虑巨大的数，也不需要考虑书写这些数的巧妙方法。他们乐于承认数会永远延续下去，而且在某个地方不知道为什么就存在着奇大无比的数。如果他们从事哲学研究或思考自己专业以外的奇怪话题，那也往往是在他们可以让思想自由驰骋的下班时间才做的事。

就其天性而言，数学家和科学家往往有顽皮的一面。未解决的问题、谜题、悖论和其他激发想象力的东西通常是吸引他们开始研究的原因。科学家从小就被科幻小说和关于太空、亚原子物理等话题的科普书籍所吸引。本书作者达林年轻时受到凡尔纳（Jules Verne）、威尔斯（H. G.Wells）、克拉克（Arthur C. Clarke）和阿西莫夫（Isaac Asimov）等科幻作家的启发，而班纳吉想成为数学家的愿望尤其受到斯图尔特（Ian Stewart）作品的启发。许多数学家都是从加德纳（Martin Gardner）在《科学美国人》（*Scientific American*）中的文章、卡斯纳和纽曼1940年的《数学与想象》等经典著作和侯世达（Douglas Hofstadter）的《哥德尔、埃舍尔、巴赫：集异璧之大成》（*Gödel, Escher, Bach: An Eternal Golden Braid*，简称集异璧）等新近作品中得到启发的。《集异璧》突出了某个主题的奇趣和娱乐性，其他人则可能觉得这个话题枯燥乏味。

关于大数的新观点往往在面向广大读者的作品中首次公开。古戈尔和古戈尔普勒克斯——一个孩子发明的两个名字——就是通过卡斯纳和纽曼1940年的经典著作成为大众流行词汇。斯坦豪斯在1937年出版的波兰版《数学快照》中首次描述了他的圆表示法。加德纳在每月的"数学游戏"专栏中，向世人介绍了表示令人难以置信的大数的其他方法；没有加德纳，那些方法可能会一直默默无闻。

一些巨大的数以及达到这些数的巧妙方案，是数学家在业余时间作为消遣想出来的；另一些则有明确的原因：它们是为了解决数学中的特定问题而设计的。我们在第3章中遇到的斯奎斯数就是这种情况，在1933年斯奎斯数发布时，它是严肃的数学研究背景下产生的最大的数。这个头衔斯奎斯数保持了大约40年，直到被一个大到需要我们接下来用一整章才能充分理解的数取代。

第 5 章

一

一掠而过的 g 数

05

一个同时担任美国数学学会主席和国际杂耍者协会主席的人可是很不寻常的。2020年去世的葛立恒（Ronald Graham）就是这样一个多才多艺的人（见图5-1）。他之所以在自己的专业圈子以外广为人知，实际上是因为一个以他的名字命名的数，这个数为他赢得了吉尼斯世界纪录，节目"里普利信不信由你！"（*Ripley Believe It or Not*）还对此进行了专题报道。"葛立恒数"是有史以来数学证明中使用过的最大的数之一。这个数大到让我们至此在书中遇到的其他数都显得微不足道。

图 5-1　葛立恒，摄于 1998 年

1935 年，葛立恒出生于美国加利福尼亚州的塔夫脱，他的父亲在附近的油田工作。在葛立恒小时候，父亲的工作在不同的油田或造船厂更换，全家人就在加利福尼亚州和佐治亚州之间来回搬家。葛立恒天资过人，这种流动的生活方式带来的一个影响是，他转入新学校时经常会被安排与年龄较大的孩子一个班级，这样他就可以跳级并在学业上快速进步。天文学是葛立恒的第一个爱好，但很快就被他更擅长的数学取代了。15 岁时，葛立恒拿到了芝加哥大学的奖学金，在高中还没毕业的情况下就开始了自己的大学学业。在芝加哥大学的三年里，因为数学方面的奖学金要求分数很高，所以他一门数学课也没有选修。好的是，葛立恒扎实地学习了体操，并在杂耍和蹦床上发展出特殊才能。

1954 年，葛立恒搬去加州大学伯克利分校，在那里待了一年，主修电气工程。他还上了莱默（Derrick Henry Lehmer）教授的数论课，这塑造了他日后的职业生涯。为了在上学期间养活自己，他和另外两名学生在学校、超市的开业典礼甚至马戏团表演蹦床。1962 年，在莱默的指导下，他在伯克利获得了博士学位，博士论文题目是《论有理数的有限和》（*On Finite Sums of Rational Numbers*）。

1963 年，在美国科罗拉多州博尔德的一个会议上，葛立恒第一次遇到了匈牙利数论家埃尔德什（Paul Erdős）。埃尔德什是 20 世纪最多产的数学家之一，他几乎把醒着的每分每秒都用来解决数学问题，而生活则基本上依靠一个破旧的手提箱。他带着这个手提箱从一个会议赶到另一个会议，从一所大学前往另一所大学。同事们为他敞开家门，非常乐意用食宿来换取深入的数学对话。他将自己的大部分收入都捐给了慈善事业，或者用于奖励那些正确解决了他提出的问题的人。葛立恒和埃尔德什兴趣相投，尽管年龄上有代沟，但他们还是成了亲密的朋友，并且一起合作完成了近 30 篇论文。埃尔德什一共发表了约 1500 篇论文，比历史上任何一位数学家都多，其中很多论文都是与合作者一起完成的。葛立恒普及了"埃尔德什数"的概念：与埃尔德什合写过论文的人，其埃尔德什数为 1。与埃尔德什的合作者合写过论文的人，其埃尔德什数为 2，以此类推。

葛立恒和埃尔德什都对拉姆齐理论感兴趣。这是一个相对较新的领域，由英国数学家和哲学家拉姆齐（Frank Ramsey）开创。拉姆齐 1923 年以数学专业高级优等生（全班第一名）的身份从剑桥大学三一学院毕业。19 岁时，拉姆齐在不到一年的时间里学会了德语，随后将维特根斯坦（Ludwig Wittgenstein）的不朽著作《逻辑哲学论》（*Tractatus Logico-Philosophicus*）第一次译成英文。《逻辑哲学论》旨在探讨语言与现实的关系，并界定科学的界限。随后，拉姆齐帮助说服维特根斯坦恢复了哲学研究，并回到之前曾经任教的剑桥大学。

1928 年，25 岁的拉姆齐写了一篇名为《论形式逻辑的一个问题》（*On a Problem of Formal Logic*）的论文。只过了一年多，拉姆齐就在一次腹部手术后去世了。拉姆齐论文的主要目的是解决数学家们所谓的"判定问题"的一个方面。判定问题是希尔伯特和同为德国数学家的阿克曼（Wilhelm Ackermann）提出的，问：是否总存在一种逐步的方法，来判定某个给定的命题能否通过逻辑规则，从基本的起始假设或公理出发得到证明。在论文得出主要结论的过程中，拉姆齐推导出一个在当时看来微不足道、后来证明至关重要的结果，也就是现在的拉姆齐定理。拉姆齐定理最简单的例子是朋友和陌生人定理。假设一个聚会上有 6 个人（见图 5-2）。考虑他们中的任两个人，要么他们以前见过（这时我们称他们是"朋友"），要么他们以前没见过（即"陌生人"）。

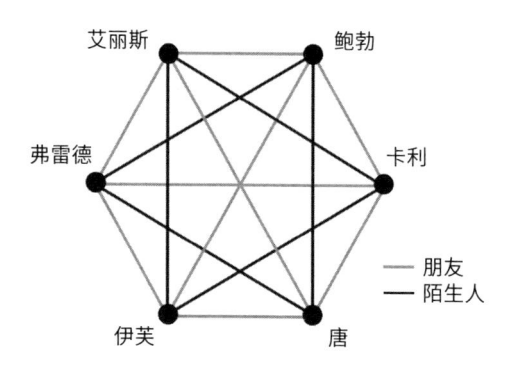

图 5-2　6 个人之间的一组可能关系，每一对可能是朋友或陌生人

图 5-2 展示了一个例子。艾丽斯以前见过鲍勃，他们是朋友；但艾丽斯和卡利以前没见过，他们是陌生人。朋友和陌生人定理声称，在参加聚会的 6 个人中，要么至少有 3 个人彼此是陌生人（他们中没有人以前见过另外两人），要么至少有 3 个人彼此是朋友。在这个例子中，艾丽斯、卡利和伊芙彼此是陌生人，因为他们每个人以前都没见过另外两人，换句话说，他们两两都是陌生人。无论如何建立关系，你总能找到至少一个这样两两都是朋友或两两都是陌生人的三角形。

拉姆齐定理的原始形式不是以聚会上的人为框架的，你可能并不会对此感到惊讶。相反，它将注意力集中在图论这一更抽象和更普遍的主题上。每个人都熟悉那种表示量与量之间变化的图形：我们在学校里学过的 y 随 x 变化的曲线或直线图。图论处理的则是一种完全不同的图形。图论属于数学中的离散数学分支，它研究的对象不是平滑变化的，而是取不同的离散值。图论中的图由点（也称为节点或顶点）组成，任何一个点都可以通过线或边与一个或多个其他点相连。

图有不同的类型：有向图（边上带箭头的图）、无向图（见图 5-3）、完全图、有限图、加权图等等。完全图是指图的每一对顶点都由唯一一条边相连（见图 5-4）。图也可以通过诸如给顶点或边着色的方式进行"标记"。图论中的另一个重要概念是"团"。团是顶点的子集，其区别在于：在一个特定团中，任意两点都是邻接的。

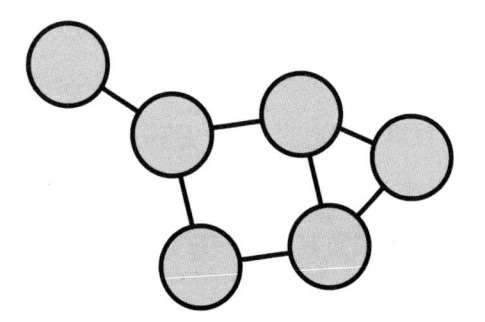

图 5-3　一个由 6 个顶点和 7 条边组成的无向图

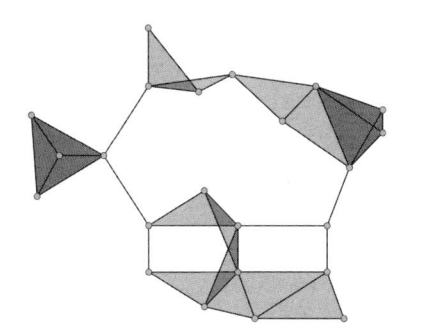

图 5-4　一个有 23 个单顶点团（顶点本身）、42 个双顶点团（边）、19 个三顶点团（浅色和深色阴影的三角形）和 2 个四顶点团（深色阴影区域）的图

　　拉姆齐定理是专门针对着色完全图的。它说的是在任何着色完全图中，只要图足够大，总是可以找到颜色相同的团。这看起来似乎是一条相当模糊的信息。但事实证明，正是这颗种子孕育了一个全新的数学分支——拉姆齐理论。拉姆齐理论的主要想法是，无论一个系统看起来多么无序，只要它足够大，就一定包含某种秩序。拉姆齐理论中一个典型的问题是：一个

结构需要多少个元素才能保证某条特殊性质成立。

1971 年，葛立恒和同事罗思柴尔德（Bruce Rothschild）发表了一篇关于拉姆齐理论的文章。这篇文章与立方体有关，但不仅仅是普通或花园式的立方体，而是任意维数中的立方体——四维、五维或更高维的"超立方体"。日常的立方体，比如方糖或骰子，是三维的，有 $2^3 = 8$ 个角或顶点。四维的超立方体无法恰当地可视化（因为我们只能在三维空间中思考），但可以从数学上证明它有 $2^4 = 16$ 个顶点。五维的超立方体有 $2^5 = 32$ 个顶点，一般来说，一个 n 维的超立方体有 2^n 个顶点。

考虑一个普通的（三维的）立方体，用线将每个顶点与其他顶点连接起来，一共有 28 条线，如图 5-5 所示。

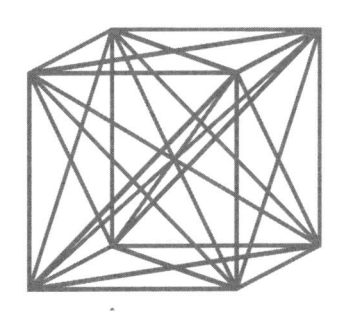

图 5-5　一个立方体，其中每个顶点都通过一条线与其他顶点相连

现在，让我们用自己喜欢的任何方式把每条线涂成红色或蓝色。在图 5-6 中，深灰色代表蓝色，浅灰色代表红色。图 5-6 展示了我们最终可能得到的众多可能结果之一。

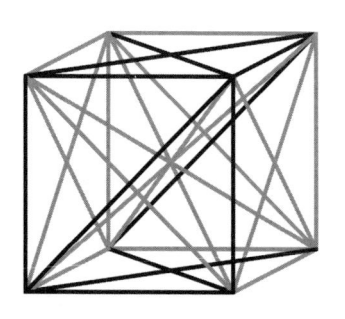

图 5-6　图 5-5 的一个着色结果，其中一些线被涂成浅灰色，

另一些线被涂成深灰色

现在问题来了。无论我们决定如何给线着色，是否总能找到位于同一平面的 4 个顶点，使得它们之间的所有连线都是同一种颜色？在我们刚刚着色的立方体图中，确实存在这样的 4 个顶点，如图 5-7 所示。

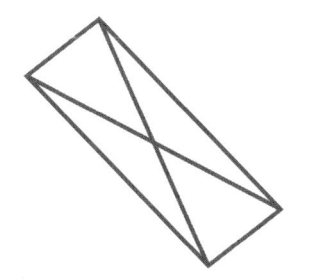

图 5-7　图 5-6 中 4 个顶点的例子：它们位于同一平面，

并且都由相同颜色（浅灰色）的线相连

但是，如果我们决定将图 5-6 中的底边涂成蓝色（图中为深灰色），那么就没有任何 4 个顶点满足我们的标准。在找到反

例后我们知道，至少三维的立方体不能满足问题的条件。

在 1971 年的论文中，葛立恒和罗思柴尔德一般化了刚才讨论的问题。他们说，将 n 维超立方体的每一对顶点相连，得到一个有 2^n 个顶点的完全图，将这个图的每条边涂成红色或蓝色。问：是否存在某个维数的超立方体，使得在所有可能的着色方式中，至少存在一个方式能给出有 4 个共面顶点的完全子图（完全子图是更大完全图的一部分，并且它本身也是一个完全图，如图 5-7 所示）？他们发现答案是肯定的。只要维数 n 足够大，就可以保证无论如何着色超立方体的每条边，总会存在单一颜色的切片或子图。

葛立恒和罗思柴尔德无法确定满足他们问题条件的最小 n 值。事实上，还没有人做到这一点。然而，他们能够证明它的最小值是 6，而最大值——上界——是一个大得惊人的数，它的简化形式就是葛立恒数。

你可能觉得只知道某个东西的值在 6 和一个难以想象的巨大数之间，是相当不确定的——你是对的。但这种广泛的不确定性并不是由于相关的数学家无能，而是由于拉姆齐理论中的许多问题都复杂得难以置信。我们只需看看前面考虑过的情景——聚会上的朋友和陌生人，就能了解我们面临的困难。记得我们说过，要确保有 3 个人彼此是朋友或彼此是陌生人，你（至少）需要 6 个人。用拉姆齐理论的符号，这可以写成 $R(3,3) = 6$，其中 $R(3,3)$ 被称为拉姆齐数。一般来说，拉姆齐

数 $R(m,n)$ 给出了要确保一个聚会上至少有 m 个人彼此认识或 n 个人彼此不认识时需要邀请的最少人数。已知 $R(4,4) = 18$。但除此之外，事情就变得有点模糊了。问题在于，拉姆齐理论中可能组合的数量会随着问题规模变大而出现爆炸式的快速增长。表示 4 个人和他们之间可能配对关系的图只有 6 条边和 $2^6 = 64$ 种可能的红色 / 蓝色（朋友 / 陌生人）着色方式。但是 6 个人的图将有 15 条边和 $2^{15} = 32\,768$ 种着色方式。

数学家还没有计算出 $R(5,5)$ 的值，换句话说，需要多大规模的聚会才能确保至少有 5 个人彼此是朋友或彼此是陌生人。人们已经知道答案在 43 到 49 之间，并且强烈怀疑是 43，但目前还没有人能证明这一点。用"暴力穷举"的方法检查用两种不同颜色给 43 人的图着色的所有可能方式是行不通的。这样一个图有 903 条边，因此用两种颜色对其进行着色的方式有 2^{903} 种——这个数远远超过了可观测宇宙中亚原子粒子的数量，也超过了任何计算机逐个检查的能力。

葛立恒和罗思柴尔德研究的问题，本质上与我们看到的朋友和陌生人的情况相似，但涉及更多的顶点和边。试图逐个检查多维超立方体顶点之间连线的所有不同着色方式是行不通的。相反，数学家必须寻找其他更微妙的方法来证明某个特定条件是否满足以及何时满足。就像葛立恒数的情况一样，这些方法往往只能成功地确定问题的解的边界，而不是确定解本身。正如我们将要发现的那样，葛立恒数大得惊人，以至于看上去似乎不像一个很有用的上界，特别是当人们怀疑它所解决的问题的实际答案几乎小得可笑（可能只有十几！）时。但事实是，这只是一个开始。斯奎斯数也是如此，它也是某个问题的上界，也是一个很大的数——$10^{10^{10^{34}}}$，尽管与葛立恒数不是同一个数量级。其他数学家以此为起点，尝试缩小已知的上界和实际解之间的间隔。

最近，关于上界的一个重大公开问题也有了进展。这个问题最早是由法国数学家波利尼亚克（Alphonse de Polignac）在1846年提出的（毫无疑问，之前肯定有其他人思考过），即孪生素数猜想。孪生素数猜想，或称波利尼亚克猜想，断言存在无穷多相差为2的素数对，例如11和13，29和31，101和103。这是一个很容易就能理解的断言，几乎所有人都认为它是对的，却难以证明。2004年，美国数学家戈德斯通（Daniel Goldston）和土耳其数学家耶尔德勒姆（Cem Yildirim）在某些假设（包括另一个尚未被证明的艾略特—哈伯斯塔姆猜想）下，在这一问题上取得了进展：他们证明了存在无穷多相差为16的素数对。第二年，在匈牙利数学家亚平茨（János Pintz）的帮助下，他们纠正了证明中的一个缺陷。然后，新罕布什尔大学的华裔美国数学教授张益唐在2013年突然宣布了一个惊人的消息。他在不需要任何其他假设的情况下，建立了相邻素数最小间隔的第一个可以无穷多次取到的有限界。他的证明无条件地表明，存在无穷多相差至多为7000万的素数对。7000万显然比

2 大一点！但关键在于，张益唐为其他数学家在该猜想上指明了一条前进的道路。2014 年，使用张益唐的方法，上界降到了246；如果假设广义艾略特—哈伯斯塔姆猜想成立，则上界可以降到 6 这么小。

正如我们将看到的，葛立恒数所描述的上界也得到了改进。不过眼下，让我们先专注于尝试理解这个数的绝对规模，以及它在多大程度上超越了我们迄今为止在数字苍穹中遇到的其他所有星星。

正是在与最伟大的数学科普作家之一加德纳的谈话中，葛立恒对葛立恒数做了简化解释。他在 1971 年的论文中并没有明确地定义原始的葛立恒数，那篇论文里对葛立恒数的描述对非数学家来说太难了。葛立恒有效地用一种相对容易理解的方法发明了一个新的数，可以让人感受到原始数的巨大规模。这个新发明的数不仅具体，而且实际上比原始数要大，因此确实是葛立恒和罗思柴尔德问题的解的一个上界！加德纳随后将这个新的、更容易理解的葛立恒数作为 1977 年 11 月版《科学美国人》的专栏主题。3 年后，葛立恒数作为（当时）用于数学证明的最大数列入吉尼斯世界纪录，获得了更大的公众声誉。

（新）葛立恒数不过是一个 3 的幂塔。换言之，它是 3 的 3 次方的 3 次方的 3 次方……如果写成重复指数的形式，它看起来是这样的：

$$3^{3^{.^{.^{.^3}}}}$$

其中的点代表很多个 3。事实上，3 的幂塔高到无法想象。即使这些 3 都很小，这个幂塔的高度也会超过珠穆朗玛峰，然后一直上升，远远超过可观测宇宙的范围。我们必须一开始就接受，我们永远无法真正掌握葛立恒数的大小。我们所能做的就是试着了解它是如何产生的。

要想达到葛立恒数，第一步是考虑数 3↑↑↑3。回忆第 4 章里讲过的，单独一个向上箭头代表幂运算，因此 3↑3 = 3^3。两个向上箭头代表超运算阶梯的下一级——四次迭代，或重复的幂运算。

$$3↑↑3 = 3↑(3↑3) = 3↑27 = 7\,625\,597\,484\,987$$

到这步，这个数已经超过了 7 万亿。接下来是五次迭代：

$$3↑↑↑3 = 3↑↑(3↑↑3) = 3↑↑7\,625\,597\,484\,987$$

这给了我们一个有 7.6 万亿个 3 那么高的幂塔：

$$\left.3^{3^{.^{.^{.^3}}}}\right\} （高度为 7\,625\,597\,484\,987）$$

如果我们把这个幂塔打印出来，用常规数字的 3 代替这些点，并假设每个 3 高 3 毫米，那么它将在太空中延伸约 2300 万千米。这比金星和地球最近距离的一半还多，所以我们可以把这个数称为"金星塔"。现在再添加一个向上箭头：

$$3\uparrow\uparrow\uparrow\uparrow3 = 3\uparrow\uparrow\uparrow(3\uparrow\uparrow\uparrow3)$$

这就把我们带到了六次迭代的层级。请注意，右侧括号内是我们的金星塔——这是一个由 3 组成的堆栈，它的高度可以达到离我们最近行星之距离的一半以上。所以我们可以写成：

$$3\uparrow\uparrow\uparrow\uparrow3 = 3\uparrow\uparrow\uparrow 金星塔$$

这是什么意思？五次迭代（由 3 个向上箭头表示）是重复的四次迭代，因此：

$$3\uparrow\uparrow\uparrow 金星塔 = 3\uparrow\uparrow(3\uparrow\uparrow(\cdots\uparrow\uparrow3))$$

现在，我们面对的不仅仅是一个由 3 组成的金星塔，而是一个由重复的四次迭代组成的金星塔！如果我们垂直而不是水平地表示它，它看起来像这样：

$$3\uparrow\uparrow\uparrow \text{金星塔} = \left.\begin{array}{l} 3^{3^{3^{\cdot^{\cdot^{\cdot3}}}}} \\ 3^{3^{3^{\cdot^{\cdot^{\cdot3}}}}} \\ \vdots \\ 3 \end{array}\right\} (\text{金星塔} - 1)\text{层塔}$$

明确地说，这意味着先取一个数3；然后取一个高度为3的3的幂塔，得到大约7.6万亿；然后以这个结果为高度取下一个3的幂塔，得到金星塔；然后以这个结果为高度再取下一个3的幂塔，得到更大的一个东西，整个过程重复1金星塔次。耗尽神经元去尝试理解这个结果的大小是毫无意义的——你做不到，也没有人可以做到。你也许只能在脑海中想象这样的画面：你乘坐一艘宇宙飞船，飞越距金星一半的路程，透过窗户看到所有这些微小的3在数百万千米的太空中行进，形成一个幂塔。但如果你试图考虑（3↑↑↑金星塔）这个数，你就必须将这里的每一个微小的3替换成3的幂塔。

至此，我们已经到达了通往葛立恒数的第一步：

$$3\uparrow\uparrow\uparrow\uparrow 3 = \underbrace{3\uparrow\uparrow(3\uparrow\uparrow(\cdots\uparrow\uparrow 3))}_{\substack{(\text{四次迭代后的3的} \\ \text{金星塔的金星塔})}}$$

按照葛立恒和加德纳的做法，我们称这个数为 g_1。当然，就物理宇宙所能提供的任何东西而言，它都大得令人震惊。但事情是这样的，在通往葛立恒数的下一步里，这个大得惊人的数 g_1

仅仅是定义一个大得多的数 g_2 时所需的向上箭头数量：

$$g_2 \longrightarrow 3\underbrace{\uparrow\uparrow\cdots\cdots\uparrow\uparrow}3$$

$$g_1 \longrightarrow 3\uparrow\uparrow\uparrow\uparrow3$$

在你熟悉这个想法之前，你要知道 g_2 是定义下一个更大的实体 g_3 时所需的向上箭头数量。这种疯狂的操作一直持续，直到我们最终达到 g_{64}，这就是葛立恒数！

$$g_{64} = 葛立恒数 \longrightarrow 3\underbrace{\uparrow\uparrow\cdots\cdots\cdots\cdots\uparrow\uparrow}3$$

$$g_{63} \longrightarrow 3\underbrace{\uparrow\uparrow\cdots\cdots\cdots\uparrow\uparrow}3$$

$$\vdots$$

（64 层）

$$g_2 \longrightarrow 3\underbrace{\uparrow\uparrow\cdots\cdots\uparrow\uparrow}3$$

$$g_1 \longrightarrow 3\uparrow\uparrow\uparrow\uparrow3$$

每个 g 数用于指定表示该系列中下一个 g 数时所需的向上箭头数量，一直到 g_{64}。g 数的增长速度令人震惊，也令人费解。葛立恒数本身太大了，以至于相比之下，斯奎斯数甚至莫泽数都是微乎其微的。从一个 g 数到下一个 g 数的增长速度，以及在几十步后我们可以轻松达到 g_{64} 的巨大规模，都证明了递归的力量，我们将在后面的章节中看到更多的例子。

通过葛立恒数，我们可以更容易地理解之前讨论过的几何拉姆齐问题的解的最小已知上界。但在出名后的几年里，它的角色被陆续变小的数取代了。拉夫罗夫（Mikhail Lavrov）、李（Mitchell Lee）和麦基（John Mackey）在 2014 年的一篇文章中给出了新的上界 $2\uparrow\uparrow\uparrow6$——它仍然是一个很大的数，但与 g_{64} 相比就小得可笑了。5 年后，莉普卡（Eryk Lipka）将上界进一步降低到了 $2\uparrow\uparrow\uparrow5$。人们认为该问题真正的解实际上非常小，而且根据 2008 年提交到康奈尔大学 arXiv 网站的一份在线预印本，它可能接近目前已知的下界 13。

我们已经看到，在可观测宇宙中，远没有足够的空间或物质能够完整写出我们遇到的一些有名字的大数——古戈尔普勒克斯、斯奎斯数、莫泽数等。所以很明显，即使我们知道葛立恒数的所有数字（我们永远不会知道），即使将已知宇宙中每一个普朗克体积都用来表示葛立恒数，也不可能将它完整表示出来。然而，情况比这还要糟。就拿古戈尔普勒克斯来说，虽然我们不能完整地写出它，但很容易知道它有多少位（只是 1 后面有 10^{100} 个零）。而在葛立恒数的例子中，可观测宇宙甚至不足以容纳其数字表示中的位数，也不足以容纳其位数的数字表示中的位数，以此类推，这样的嵌套还能重复几十次。我们永远无法看到葛立恒数的全貌，也不知道它的大部分数字，但我们至少可以看看它的结尾数字来安慰自己：…262 464 195 387。

你可能已经注意到了，高德纳向上箭头表示法在表示葛立恒数时遇到了对手。尽管与指数和幂塔等更熟悉的形式相比，这个符号系统很强大，但一旦我们采取递归时，它就不能很好地处理我们遇到的数字巨头了。在葛立恒数的例子中，我们最终使用一排排的点来表示某处有太多无法完整写出来的向上箭头。幸运的是，人们已经设计出了其他表示大数的方法，可以在向上箭头力不从心时接替它的工作。

第 6 章

一

康威链

06

任何冒险进入大数宇宙的人都会面临类似于远程太空任务的挑战。当我们试图探索离母星越来越远的地方时，我们需要知道那里有什么，以及如何在人类的时间尺度上快速穿越遥远的距离。在可预见的未来，太阳系中的行星和其他天体将是我们的主要目标，但在它们之外，星际空间和河外空间还有许多奇迹。

我们的一些航天器已经离开了太阳系，正朝着其他恒星前进。1977 年发射的"旅行者 1 号"和"旅行者 2 号"已经穿过了太阳磁场影响的外边界（即日球层顶），现在正式进入了星际空间。这两颗探测器目前还在传回科学数据，运气好的话，它们还能继续工作几年，然后归于沉寂，我们将再也听不到它们的消息：因为它们会静静地飘过一些较近的恒星，然后深入到银河系的巨大空隙。"先驱者 10 号"和"先驱者 11 号"比"旅行者号"更早发射，但飞行速度更慢，它们也位于太阳系的逃逸轨道上（见图 6-1）。然而，它们的能量已经耗尽，我们无法与它们通信。一组研究人员在 2019 年公布的计算表明，在接下来约 100 万年里，这四颗探测器都不太可能与其他恒星系有任何真正近距离的接触。最接近"飞越"恒星的时刻可能是先驱者 10 号距仙后座橙色矮恒星 HIP 117795 不到四分之三光年的时候，离现在大约还相距 9 万年。

图 6-1　艺术家对在前往星际空间的途中回望太阳系的"先驱者 10 号"的想象

我们很难对一个惰性航天器在 3000 代人之后的一次遥远的恒星飞越感到兴奋。为了使星际旅行变得有意义和有趣，我们需要发展推进方法，使我们或我们的机器人探测器在几十年内（而不是几万年内）到达其他恒星。同样，面对大数宇宙时，我们也不能依靠着沿着数轴这样传统且毫无希望的方式前进，来达到像葛立恒数这样的或其他可能更远的目标。

葛立恒数就像一颗有趣但遥远的恒星。我们知道它就在那里，而且如果有足够的时间，我们可以一步一步地抵达它——在数学上，只需要通过计数 1、2、3 等，或者通过一层接一层地爬上一座高得惊人的幂塔。但这种传统的方法对高速数值旅行来说并不实用，就像化学火箭不能胜任在银河系的恒星之间进行跳跃的任务一样。高德纳向上箭头（或它在 H- 运算符或方括号表示法中的等价符号）为我们提供了一种推进的形式，使我们在数轴上跑得比在学校里学到的任何方式都要快得多。只需要几个向上箭头就可以表示大到足以填满整个可观测宇宙的数，如果完整地写出来，还会更多。然而，当面对葛立恒数时，即使是向上箭头的推动力看上去也小得可怜。我们不得不用点来表示一排排的向上箭头，这些点的长度大得惊人，以至于无论怎么写都无法包含在我们所知空间的物理范围内。

那么，我们该何去何从？数值推进技术的下一个重大飞跃是什么？值得回顾的是，向上箭头是高德纳表示超运算的方式，而超运算又反过来扩展了我们从小就熟悉的运算层级：后继（更广为人知的说法是加 1）、加法、乘法和幂运算。除了后继运算是一元运算外（因为它只作用于一个操作数，即被加一的数），其他所有的超运算都是二元的。例如，$a + b$ 和 a^b 都是二元运算，因为它们作用于两个操作数 a 和 b。超运算序列也是递归的，因为每级运算都可以通过序列中前一级运算的重复作用来定义和表示。

为了开发一套能让我们在数字宇宙中走得比以往任何时候更远更快的推进系统，我们必须想出一种全新的技术，或者极大地改进现有的技术。数学工程中什么样的飞跃能使我们更快地奔向数字宇宙的遥远角落呢？1996 年，英国数学家康威和盖伊（Richard Guy）在《数字之书》（*Book of Numbers*）中阐释了一种沿数轴下行的新方法，这种方法虽然基于向上箭头，但强大得多。与高德纳一样，康威和盖伊都是杰出的职业数学家（两人都于 2020 年去世），同时也非常喜欢其专业领域的娱乐面，非常乐意将学术和趣味性联系起来。不出所料，这使得他们与美国趣味数学写作大师加德纳有了密切联系，后者随后将两人的发现传播给了全世界的读者。

康威（见图 6-2）1937 年出生于利物浦，他很早就展露出数学天赋，年仅 4 岁就能背诵 2 的幂次。11 岁时，他就清楚地知道自己长大后想做什么：去剑桥大学学习数学，然后成为一名全职的职业数学家。在中学时期他非常内向，但在大学里，他成功地把自己变成了一个外向的人，并在之后一直如此，以至于 2015 年罗伯茨（Siobhan Roberts）在《卫报》（*Guardian*）发表了一篇关于他的文章，题目是《康威：世界上最具魅力的数学家》（*John Horton Conway: the world's most charismatic mathematician*）。康威以诙谐、活泼、博学和无尽的创造力而著称。阿蒂亚（Michael Atiyah）爵士称他为"世界上最神奇的数学家"。

图6-2 康威，摄于 2005 年

1964 年，康威在剑桥大学获得博士学位，之后一直在该校任教，直至 1986 年搬到美国新泽西州的普林斯顿大学，成为冯·诺依曼（John von Neumann）应用和计算数学教授。康威此后一直担任这一教授职位，后来成为荣休教授。2020 年 4 月，他因新型冠状病毒并发症去世，享年 82 岁。

我们很难明确地分隔康威在主流数学研究方面的成就与其在数学边缘做出的许多令人着迷的发现和发明。在趣味性方面，他最出名的创造可能是《生命游戏》（*Game of Life*），该游戏于 1970 年通过加德纳《科学美国人》的专栏传向了全世界。《生命游戏》远不止是一种在标有方格的棋盘上玩棋子的消遣，它是所谓的"元胞自动机"最早的成功例子之一。对于能够用规则的细胞网格表示的系统，元胞自动机可以建模它的演化。我们将在第 8 章中更多地谈及这一点。

就在《生命游戏》成为好思考的人首选的计算机娱乐的同一年，康威首次描述了超现实的数。正如我们之前所看到的，高德纳以虚构的故事为幌子，解释了这个新的、庞大的数值系统，但奇怪的是，这个数值系统源于康威对古老的棋类游戏——围棋残局情况的分析。康威在数学的许多领域都做出了重要贡献，包括群论、纽结理论、博弈论、几何学、代数和拓扑学，他还与同为数论学家兼趣味数学家的盖伊合写了几本书。盖伊一直活跃在学术领域，积极投身环保主义和登山活动，直至 103 岁去世（去世时间比康威早一个月左右）。在他们合写的一本书中，康威提出了一种新的、巧妙的表示大数的方法，称为链式箭头表示法。

在第 5 章中，我们使用向上箭头来达到葛立恒数 g_{64}。但早在实现这一目标之前，我们就能很明显地看出葛立恒表示法并不能真正胜任这项任务，就像把人送上月球的火箭不足以把载人飞船送到比邻星一样。乍一看，康威用向右箭头表示大数的系统似乎并没有比向上箭头有太大的改进。

和高德纳链一样，康威链（如 3 → 2 → 3 → 4）由被箭头分隔的正整数组成；和向上箭头一样，链式箭头的唯一目的，也是提供一种表示非常大的数的紧凑方式。长度为 1 的链（此时根本就不是一个真正的链）只是一个正整数，而两个数字的链相当于一个向上箭头或幂运算：

$$a \rightarrow b = a \uparrow b = a^b$$

由 3 个数组成的链 $a \rightarrow b \rightarrow c$ 相当于一个超运算或多个向上箭头：

$$a \rightarrow b \rightarrow c = a \uparrow^c b$$（换句话说，将 a 提升为一个高度为 c 个 b 的幂塔）

这时你可能会想，康威和高德纳的系统其实是一样的，只是箭头指向的方向不同而已！但这只是表面的相似。当我们开始研究长度大于等于 4 的链时，两者之间的巨大差异就变得很明显了，例如：

$$3 \rightarrow 4 \rightarrow 2 \rightarrow 6 \text{ 或者 } 6 \rightarrow 5 \rightarrow 10 \rightarrow 5 \rightarrow 5$$

你只需通过几条简单的规则（其中有几条我们已经见过了），就能计算出以链式箭头的形式书写的任何数。这些规则有多种写法，它们都是等价的，我们只需要选择一组容易应用的。规则 1 是一条平平无奇的陈述：如果链 a 只有一个元素，那么

它就是数 a。规则 2 是长度为 2 的链等价于向上箭头或幂运算：
$a \rightarrow b = a \uparrow b = a^b$。规则 3 是如果链以 1 结尾，那么你可以直接
去掉 1，因为它不起任何作用。例如，$4 \rightarrow 5 \rightarrow 8 \rightarrow 4 \rightarrow 1$ 和
$4 \rightarrow 5 \rightarrow 8 \rightarrow 4$ 是完全一样的。规则 4 是如果链的倒数第二个
数是 1，那么你可以在这一点处将链截断，例如 $3 \rightarrow 6 \rightarrow 1 \rightarrow 4$
可以立即归约为 $3 \rightarrow 6$。规则 5 赋予了康威的链式箭头惊人的力
量，需要花点时间才能理解。我们可以把它写成这样：

$$X \rightarrow a \rightarrow b = X \rightarrow (X \rightarrow (a-1) \rightarrow b) \rightarrow (b-1)$$

其中 X 是最后两个数之前的链，a 和 b 是最后两个数。通俗地
说，规则 5 意味着我们可以把最后一个数减 1，并将倒数第二个
数减 1 的原链作为倒数第二个数。换句话说，我们用 $(b-1)$ 代
替原链中的 b，用原链的另一个副本代替原链中的 a，只不过该
副本中，a 被 $(a-1)$ 所代替。然后，我们就不断重复这个过程，
总是先计算最里面那一组括号里的值，再计算链的其他部分。
5 条规则总结如下：

1. 长度为 1 的链 a 就是数 a。

2. $a \rightarrow b$ 等于幂运算 a^b，或者一个向上箭头 $a \uparrow b$。

3. $X \rightarrow 1 = X$，其中 X 是子链或链的一部分。在这种情
   况下，X 是链中除最后一个元素外的所有元素。

4. $X \to 1 \to b = X$。

5. $X \to a \to b = X \to (X \to (a-1) \to b) \to (b-1)$。

现在让我们通过几个简单的例子来看看这些规则是如何共同发挥作用的。我们从 3 个数的链 $3 \to 3 \to 2$ 开始，应用规则 5，取 $X = 3$，$a = 3$，$b = 2$，得到：

$$3 \to 3 \to 2 = 3 \to (3 \to 2 \to 2) \to 1$$

规则 3 让我们去掉了末尾的 1，所以变成：

$$3 \to (3 \to 2 \to 2)$$

现在，让我们关注括号内的内容，并对其应用规则 5：

$$3 \to (3 \to (3 \to 1 \to 2) \to 1)$$

去掉末尾的 1，链就变成了：

$$3 \to (3 \to (3 \to 1 \to 2))$$

规则 4 使得括号内的 $3 \to 1 \to 2$ 自行截断为 3，因此只剩下 $3 \to$

（3 → 3）。根据规则 2，剩余括号内的 3 → 3 只是 3 的立方，即 27，所以整个链归结为 3^{27}，即 7 625 597 484 987。这与我们之前对 3 个数的康威链的解释是一致的：也就是说，它与超运算相同，链的最后一个数表示向上箭头的数量。换言之：

$$3 \rightarrow 3 \rightarrow 2 = 3 \uparrow\uparrow 3 = 3 \wedge 3 \wedge 3 = 3^{27}$$

以链式箭头的形式表示的数，其大小在很大程度上取决于链的长度和单个元素的大小。例如，4 个数的链 2 → 3 → 2 → 2，根据规则 5，在第一步之后减少为：

$$2 \rightarrow 3 \rightarrow (2 \rightarrow 3) \rightarrow 1$$

然后变成：

$$2 \rightarrow 3 \rightarrow 8$$

正如我们所知，这相当于 2↑↑↑↑↑↑↑↑3，有 8 个向上箭头。从任何正常标准来看，这都是一个巨大的数，但与葛立恒数还不是同一级别。不过，考虑链 5 → 4 → 3 → 3。规则 5 告诉我们这与

$$5 \rightarrow 4 \rightarrow (5 \rightarrow 4 \rightarrow 2 \rightarrow 3) \rightarrow 2$$

相同。下一步是开始计算括号里的内容，再次应用规则5：

$$5 \rightarrow 4 \rightarrow (5 \rightarrow 4 \rightarrow (5 \rightarrow 4 \rightarrow 1 \rightarrow 3) \rightarrow 2) \rightarrow 2$$

现在我们有了嵌套的括号，在做其他事情之前，我们必须先专注于计算里面的括号。根据规则4，里面括号里的链可以在1处截断，剩下

$$5 \rightarrow 4 \rightarrow (5 \rightarrow 4 \rightarrow (5 \rightarrow 4) \rightarrow 2) \rightarrow 2$$

里面括号中的 $5 \rightarrow 4$ 是 $5^4 = 625$，所以现在我们有：

$$5 \rightarrow 4 \rightarrow (5 \rightarrow 4 \rightarrow 625 \rightarrow 2) \rightarrow 2$$

这时我们已经可以感觉到，由于链中间突然出现了625，即将有一次大的爆发。对剩余括号里的内容应用规则5：

$$5 \rightarrow 4 \rightarrow (5 \rightarrow 4 \rightarrow (5 \rightarrow 4 \rightarrow 624 \rightarrow 2) \rightarrow 1) \rightarrow 2$$

我们一下子就乘着由链式箭头驱动的星际超级驱动器，到达了之前无法达到的数。下一步给出：

$$5 \to 4 \to (5 \to 4 \to (5 \to 4 \to 624 \to 2)) \to 2$$

然后，处理里面的部分，成为：

$$5 \to 4 \to (5 \to 4 \to (5 \to 4 \to (5 \to 4 \to 623 \to 2) \to$$
$$1)) \to 2$$

经过数百次迭代之后，最里面括号中的第三个元素（目前为623）将最终缩减为 1，我们就可以开始下一级了，这一级将再次包含链 5 → 4 → 625。然而到这时，整个链会有近 2000 个元素，而且还会越来越长。现在我们可以开始向外计算，而我们在每一步得到的值都会变成下一步里向上箭头的数量，就像葛立恒数的展开一样。最后，一旦消除了所有的内部括号，我们最终得到的结果就是另一个以 2 结尾的链的第 3 个元素。这意味着我们必须重复相同的展开过程，但现在我们采取的步骤数（每一步都成为下一步里向上箭头的数量）等于我们通过这个过程已经形成的这个巨大的数！

事实上，链式箭头 5 → 4 → 3 → 3 远大于葛立恒数，葛立恒数介于 3 → 3 → 64 → 2 和 3 → 3 → 65 → 2 之间。乍一看，你可能会认为 3 → 3 → 64 → 2 比 5 → 4 → 3 → 3 大，因为 64是目前这两个链中最大的元素。但是，在确定完整写出一个链需要多少步时，链的末尾是 3 比是 2 重要得多。

5 → 4 → 3 → 3 使葛立恒数看起来微不足道。然而，我们还可以很容易地说出一个更大的链，比如 35 → 269 → 81 → 95 → 54 → 428。以其在页面上所占的空间而言，这种书写方式与 35 + 269 + 81 + 95 + 54 + 428（我们可以很容易地计算出其结果等于 962）一样紧凑。以链式箭头的形式出现的数，并没有给出关于蜷缩在其中的怪物有多大的任何线索。不过，一旦我们开始拆解它，就会意识到我们面对的是什么。

即使在领悟了如何解开一个看起来简单如 5 → 4 → 3 → 3 的链后，计算一个更长且包含更大元素的链似乎也是不可能的；事实上，这在实际中就是不可能的。链式箭头表示法的全部意义在于，它提供了一种表示大到无法用普通形式书写的数（大到宇宙都不足以容纳它们的程度）的方法！此外，即使一个数字大到用向上箭头也无法写全（因为所需的向上箭头比可观测宇宙中普朗克体积的数量还多），以链式箭头的形式表示它也非常容易。事实上，对于一个大到连表示它所需的向上箭头数量都写不出来的数（即使每个普朗克体积都用来保存它的一位数字也不行），用康威链来描述它也很快很容易。

然而，每条康威链都只代表一个特定的有限数，无论它有多大。如果不限时间、空间、物质和能量的话，那么这条链最终都可以被计算并归约为一个数。这种有保证的可约性，来自控制链式箭头表示法的巧妙规则设计。当链的最后一个数或倒数第二个数减少到 1 时（这是必然会发生的），链可以在该点处截断，这一过程继续进行，直到所有元素缩减到最后一个——这就是最终的结果。

一套非常简单的规则就能产生如此强大的大数命名系统，这与康威的另一项发明《生命游戏》相似。《生命游戏》的规则非常简单，小孩都可以理解，但它可以产生惊人的复杂和多样的模式。在链式箭头表示法中，所有隐藏在简单外表下的超规模数的潜力，都包含在我们所说的规则5中。

与超运算序列的情况一样，康威系统中起作用的关键力量是递归——将规则或公式重复应用于其自身的结果。从更广泛的意义上说，我们可以在日常生活中看到递归的作用。例如，当我们站在两面平行的镜子之间时，我们在一面镜子中的像出现在另一面镜子的像中，而另一面镜子的像又成了第一面镜子的像的一部分，以此类推。著名的玩具俄罗斯套娃也是递归的，因为一个小娃娃隐藏在一个大一点的娃娃里，而这个大一点的娃娃又隐藏在一个更大一点的娃娃里。

我们从小学习数数时就在数学中使用递归了。从形式上讲，计数只是重复应用后继函数，后继函数的作用是给上一个结果加1。重复的计数就是加法，重复的加法就是乘法，重复的乘法就是幂运算，等等。因此，在超运算序列中每进一步，都标志着一个新的递归处理水平。链式箭头甚至动用了更强大的递归能力来表示数，而这些数在现实中是无法通过向上箭头或任何其他表示超运算的方案达到的。但康威箭头本身不过是一个好玩的游戏——一个技巧娴熟的数学家设计的把戏，旨在向我们展示递归在大数领域可以做些什么惊人的创举。现在是时候超越诸如向上箭头和链式箭头这些"时髦的"大数方案了。在通往世界上最大的数的道路上，等待我们的将是一段始于近一个世纪前的、深入而严肃的数学之旅。

第 7 章

一

阿克曼和
递归的力量

07

20世纪的头25年,社会的几乎各个方面都爆发了动荡和革命,包括科学和数学领域。正如物理学受到量子理论和相对论的冲击一样,数学家也在质疑数学学科的基础。是否所有的数学定理都可以从一组基本的假设或公理出发得到证明?当时最杰出的理论数学家希尔伯特就是持这种观点的人之一。1900年,在巴黎举办的国际数学家大会上,希尔伯特宣布了他心目中23个最大的未解决的数学问题。其中第二个问题直接关系到他最热切的信念:数学中所有真的东西,都可以从初始假设出发,通过逻辑,严格证明为真。

1920年,希尔伯特提出了一个研究项目,以期在坚实的逻辑基础上重塑整个数学,这就是后来的"希尔伯特纲领"。当时,24岁的阿克曼是希尔伯特的研究生。阿克曼出生于威斯特伐利亚的舍讷贝克,十几岁就进入了当时世界上最重要的数学研究机构德国哥廷根大学,希尔伯特正是该校的教授。阿克曼专注于数学、物理和哲学的研究,但第一次世界大战中断了阿克曼的学业。阿克曼最终在1925年获得了博士学位,然后拿着奖学金在剑桥大学待了一段时间,不久之后就结婚了。这使希尔伯特大为不满,希尔伯特认为年轻的研究人员应该保持单身,心无旁骛地致力于自己钻研的领域。当希尔伯特发现阿克曼夫妇即将迎来第一个孩子时，这成了压垮骆驼的最后一根稻草。

"啊，真是太好了！"希尔伯特讽刺道，"这对我来说可是个天大的好消息。既然这个男人已经疯狂到结了婚甚至还有了孩子，那我就完全不用为这样一个疯子做任何事了！"

希尔伯特自己结婚当父亲时也没比阿克曼大几岁，但他似乎并没有考虑这一点。虽然希尔伯特无疑是一流的天才，但他多少有些自命不凡。还有一次，在听说他的一个学生辍学去研究诗歌后，希尔伯特说："很好，他没有成为数学家的足够想象力。"

尽管年轻的逻辑学家阿克曼才华横溢，但希尔伯特对阿克曼的排斥仍然阻碍了阿克曼获得大学教职。在接下来的 34 年里，阿克曼一直在高中教书。尽管遇到了这样的障碍，阿克曼仍然是数理逻辑领域的重要人物。1953 年，阿克曼成为哥廷根科学院院士，并被任命为德国明斯特大学数学与科学学院名誉教授。阿克曼于 1962 年平安夜去世，去世前三天，还在明斯特大学发表了一篇演讲。

在阿克曼因敢于组建家庭而与希尔伯特闹翻之前，他一直是希尔伯特的私人秘书。事实上，他们两人合写过一本重要的教科书《数理逻辑原理》(*Principles of Mathematical Logic*)。该书于 1928 年在德国出版，以希尔伯特 1917 年至 1922 年在哥廷根大学的课程为基础，首次阐述了所谓一阶逻辑（FOL）。在一阶逻辑这种类型的逻辑中，每个陈述都可以像普通句子一样表达成主语加谓语的形式。主语是我们正在讨论或描述的任何东西，而谓语是我们所说的关于主语的内容。唯一的区别是，在数理逻辑中，我们使用特殊的符号和缩写，而不是单词。例如，如果我们用 A 代表苹果，F 代表水果，那么用一阶逻辑的语言，我们可以写出这样的陈述：$\forall x: Ax \rightarrow Fx$。用通俗的语言来说，它的意思是：对于所有的 x，如果 x 是一个苹果，那么 x 是一个水果。

希尔伯特和阿克曼的书首次为一阶逻辑奠定了坚实的基础，但它远不只是解释这个最基本的符号逻辑系统是如何工作的，它还检查了一阶逻辑是否完备。换句话说，一阶逻辑中所有为真的陈述是否都可以从支撑它的公理中推导出来。在此过程中，它向世界介绍了我们在第 5 章中遇到的判定问题。如今，一阶逻辑广泛应用于证明理论（研究如何在数学中形式地证明东西）和数学基础的其他领域。

20 世纪 20 年代末，大致就在撰写《数理逻辑原理》的时候，阿克曼和希尔伯特的另一位学生、罗马尼亚数学家苏丹（Gabriel Sudan）正在研究另一门支撑数学的学科可计算性理论的基础。今天，可计算性理论的一部分与计算机科学重叠，涉及软件系统的设计以及如何让机器处理数据的速度比人类快很多倍；但可计算性理论最早发展起来的部分与实际的数据处理毫无关系，而是从数理逻辑的基础上发展起来的，比第一台真正计算机的出现还要早十多年。从最广泛的意义上讲，可计算性理论研究什么是可计算或可估计的，以及什么（甚至在原则上）是不可计算的。可计算性理论也被称为递归理论，这条线索给出了它与大数主题的核心关联。

可计算性理论处理的基本对象是所谓的可计算函数。接下来我们将大量地讨论各种类型的函数；在继续之前，让我们先暂停一下，确保我们清楚地知道函数到底是什么。一种思考函数的方式是把它想象成一台小机器或黑匣子，它可以把一组数转换成另一组数，这样输入和输出的数总是一一对应的。或者，你也可以把函数看成是实现这种转换的规则，或者将一个集合的每个元素与另一个集合的每个元素联系起来的关系。如果 x 是我们的变量或者一组输入数，那么我们可以将"x 的函数"写成 $f(x)$。例如，这个函数可能是 $f(x) = 2x + 1$，这意味着我们将 x 的每个输入值乘以 2 再加 1，得到输出值；换句话说，就是对应的 $f(x)$ 的值。作 $f(x)$ 随 x 变化的图像，结果将是一条直线。又如，这个函数是 $f(x) = x^2$，x 的每个值都必须自乘来产生对应的 $f(x)$ 的值。在这种情况下，$f(x)$ 的图像将是一条大致呈 U 形的曲线，称为抛物线。

可计算函数是可以用算法或一系列精确指令的形式来表示的函数。这个定义包括了我们大多数人在中学或以后的数学学习中遇到的所有函数。此外，我们平时遇到的所有函数也都属于所谓的"原始递归"类型。如加法、乘法、幂运算和阶乘函数（$n! = n \times (n-1) \times \cdots \times 3 \times 2 \times 1$），都是属于这一类的函数。思考原始递归函数的方法之一是从计算机程序的角度出发——尽管其理论早在计算机发明之前就已经发展出来了。

许多计算机程序的一个共同特征是循环。循环是一段代码，它指示计算机不断地重复执行一系列指令，直到循环达到指定的次数或某个条件得到满足。一开始就固定重复次数的循环称为计数控制循环或者"for 循环"。它可能是这样的，例如：

FOR I = 1 TO N

     xxx

NEXT I

其中 xxx 是循环主体。

另外两种主要的循环类型是条件控制型的，称为"while 循环"和"do-while 循环"。在这些循环中，只有在某些情况出现时循环才会继续。条件可以在每个循环开始或结束时进行测试。

我们从循环的角度考虑，原始递归函数就是一个可以通过运行程序来计算的函数，并且在这个程序中，唯一的循环是计数控制循环（即"for 循环"）。换句话说，必须事先指定循环次数的上限。阿克曼和苏丹想要得到的是非原始递归的可计算函数。他们都成功了，但方法略有不同。

苏丹在 1927 年首先发现并发表了他的函数。然而，次年出现的阿克曼函数才是现在更有名的那个，我们将在这里更深入地研究它。阿克曼在 1928 年发表的论文《论希尔伯特的实数构造》（*On Hilbert's Construction of the Real Numbers*）中，证明了希尔伯特的构造本质上是非原始递归的。阿克曼函数的原始形式是用希腊字母 ϕ 表示的，它取决于三个输入值或称"参数"，因此它可以写成如 $\phi(m, n, p)$ 的形式。阿克曼用五条规则定义了它。之后几年里，其他数学家，包括匈牙利的佩特（Rózsa Péter）和美国的罗宾逊（Raphael Robinson），修正并简化了最初的阿克曼函数，使其更易于使用。今天提到的阿克曼函数通常是指这些简化的变形。我们将在这里考察的具体变形是阿克曼 – 佩特函数 $A(m, n)$。

阿克曼 – 佩特函数只取决于两个变量 m 和 n，它们都只能取非负的整数值。阿克曼 – 佩特函数只由三条规则定义：

$$A(0, n) = n + 1$$

$$A(m, 0) = A(m - 1, 1)，如果 m 大于 0$$

$$A(m, n) = A(m - 1, A(m, n - 1))，如果 m 和 n 都大于 0$$

请记住，构造这个函数的唯一目的，是提供一个非原始递归的可计算函数的例子。考虑到这一点，让我们取几个不同的 m 和 n 值，看看会发生什么。

第一条规则非常简单明了。如果我们取 $n = 2$ 并应用第一条规则，就会得到：

$$A(0, 2) = 2 + 1 = 3$$

即，当 $m = 0$，$n = 2$ 时，阿克曼 – 佩特函数的值 $A(0, 2)$ 是 3。第二条规则更有趣，因为函数 A 在等式的两边都出现了。如果我们代入 $m = 2$，就会得到：

$$A(2, 0) = A(1, 1)$$

现在怎么办？前两条规则都不包括这种情况，即函数的两个参数都不为零。我们必须应用规则 3：

$$
\begin{aligned}
A(1, 1) &= A(0, A(1, 0)) \\
&= A(0, A(0, 1)) \quad （应用规则 2 来计算 A(1, 0)） \\
&= A(0, 2) \quad （应用规则 1 来计算 A(0, 1)） \\
&= 3 \quad （再次应用规则 1）
\end{aligned}
$$

算到这里，我们借助于阿克曼函数来寻找世界上最大的数，效果似乎有点让人失望！我们怎么从康威强大的链式箭头和大到没有任何高级词汇可以描述的数，来到 3 了呢！

$A(0, 2)$ 和 $A(2, 0)$ 都可以归结为数 3。那么 $A(2, 2)$ 呢？在

这种情况下，计算过程更长——一共 27 步。你可以随意跳过这里展示的中间步骤，直接进入下面的关键部分。

$$A(2, 2)$$
$$= A(1, A(2, 1))$$
$$= A(1, A(1, A(2, 0)))$$
$$= A(1, A(1, A(1, 1)))$$
$$= A(1, A(1, A(0, A(1, 0))))$$
$$= A(1, A(1, A(0, A(0, 1))))$$
$$= A(1, A(1, A(0, 2)))$$
$$= A(1, A(1, 3))$$
$$= A(1, A(0, A(1, 2)))$$
$$= A(1, A(0, A(0, A(1, 1))))$$
$$= A(1, A(0, A(0, A(0, A(1, 0)))))$$
$$= A(1, A(0, A(0, A(0, A(0, 1)))))$$
$$= A(1, A(0, A(0, A(0, 2))))$$
$$= A(1, A(0, A(0, 3)))$$
$$= A(1, A(0, 4))$$
$$= A(1, 5)$$
$$= A(0, A(1, 4))$$
$$= A(0, A(0, A(1, 3)))$$
$$= A(0, A(0, A(0, A(1, 2))))$$
$$= A(0, A(0, A(0, A(0, A(1, 1)))))$$

$$= A(0, A(0, A(0, A(0, A(0, A(1, 0))))))$$

$$= A(0, A(0, A(0, A(0, A(0, A(0, 1))))))$$

$$= A(0, A(0, A(0, A(0, A(0, 2)))))$$

$$= A(0, A(0, A(0, A(0, 3))))$$

$$= A(0, A(0, A(0, 4)))$$

$$= A(0, A(0, 5))$$

$$= A(0, 6)$$

$$= 7$$

就这样，你得到了 $A(2, 2) = 7$。这么看起来，我们在达到大数方面付出了巨大的努力但收效甚微，我们费心计算的阿克曼函数的前三个值不过是 3、3 和 7。继续，$A(3, 2)$ 是 29。那么 $A(4, 2)$ 呢？如果你认为 $A(2, 2)$ 的计算过程冗长而费力，那么我们这里就省去计算 $A(4, 2)$ 的细节！我们只想说，如果你确实有耐心和时间来完成 $A(4, 2)$ 的所有计算步骤，那么你最终会得到一个长度为 19 429 位的数！对于特定的 m 和 n 值，随着 m 和 n 的增加，阿克曼函数的计算结果会变得非常大，并且增长得非常快，特别是当 m 大于等于 4 时。

这种突然的爆炸性增长是有原因的：阿克曼－佩特函数正是变相的高德纳向上箭头，或者按正确的时间顺序来说，阿克曼函数比高德纳的方案早了近半个世纪，向上箭头只是阿克曼函数主题下的一个有趣变形。以下是两者之间的关系：

$$A(1, n) = (n + 3) + 2 - 3 = n + 2 \qquad (\text{加法})$$

$$A(2, n) = (n + 3) \times 2 - 3 = 2n + 3 \qquad (\text{乘法})$$

$$A(3, n) = 2^{n+3} - 3 \qquad (\text{幂运算})$$

$$A(4, n) = 2 \uparrow\uparrow (n + 3) - 3 \qquad (\text{四次迭代})$$

$$A(5, n) = 2 \uparrow\uparrow\uparrow (n + 3) - 3 \qquad (\text{五次迭代})$$

以此类推。

事实证明，阿克曼 – 佩特函数实际上与以 2 为底（向上箭头左边的数）、偏移量为 3（末尾的 –3）的向上箭头相同。表7-1 显示了 m 值从 0 到 6、n 值从 0 到 4 时该函数是如何增长的。m 的值是主导因素，因为它控制着向上箭头的数量。

表 7-1　阿克曼 – 佩特函数的增长趋势

m ＼ n	0	1	2	3	4
0	1	2	3	4	5
1	2	3	4	5	6
2	3	5	7	9	11
3	5	13	29	61	125
4	13 $= 2^{2^2} - 3$ $= 2 \uparrow\uparrow 3 - 3$	$65\,533$ $= 2^{2^{2^2}} - 3$ $= 2 \uparrow\uparrow 4 - 3$	$= 2^{65\,536} - 3$ $= 2^{2^{2^{2^2}}} - 3$ $= 2 \uparrow\uparrow 5 - 3$	$= 2^{2^{65\,536}} - 3$ $= 2^{2^{2^{2^{2^2}}}} - 3$ $= 2 \uparrow\uparrow 6 - 3$	$= 2^{2^{2^{65\,536}}} - 3$ $= 2^{2^{2^{2^{2^{2^2}}}}} - 3$ $= 2 \uparrow\uparrow 7 - 3$
5	$65\,533$ $= 2 \uparrow\uparrow (2 \uparrow\uparrow 2) - 3$ $= 2 \uparrow\uparrow\uparrow 3 - 3$	$= 2 \uparrow\uparrow\uparrow 4 - 3$	$= 2 \uparrow\uparrow\uparrow 5 - 3$	$= 2 \uparrow\uparrow\uparrow 6 - 3$	$= 2 \uparrow\uparrow\uparrow 7 - 3$
6	$= 2 \uparrow\uparrow\uparrow\uparrow 3 - 3$	$= 2 \uparrow\uparrow\uparrow\uparrow 4 - 3$	$= 2 \uparrow\uparrow\uparrow\uparrow 5 - 3$	$= 2 \uparrow\uparrow\uparrow\uparrow 6 - 3$	$= 2 \uparrow\uparrow\uparrow\uparrow 7 - 3$

就如何生成大到无法用传统的数学方法表示的数，原始的阿克曼函数（1928 年的版本）和苏丹函数是我们目前在本书中看到的所有方法的鼻祖。与此同时，它们并不像古戈尔或古戈尔普勒克斯、向上箭头或链式箭头那样广为人知，后面这些都是数学家以一种半游戏的方式引入的，为的是让更多人能够理解大数的概念。

阿克曼函数和苏丹函数是为了回答数学研究中的严肃问题而设计的。正如我们所见，它们的目的并不是提供一种表示大数的新方法。事实上，阿克曼和苏丹在他们的论文中从未提及这些函数的增长速度有多快，也没有提及它们生成巨大数值的能力。因为这不是他们做这件事的目的。阿克曼和苏丹的任务纯粹且简单：构造非原始递归的可计算函数，并向其他数学家证明这一点。

我们在前几章中探讨过的各种表示巨大数的方案，包括斯坦豪斯－莫泽表示法、高德纳向上箭头和康威链式箭头，都基于相同的底层过程——递归，而这正是阿克曼和苏丹设计的古老函数的核心。递归是我们从小就熟悉的东西，即使从未有人向我们介绍过这个术语。孩子们在学习数数时就使用了递归：1、2、3……我们在加法、乘法和幂运算中都使用递归，它发生在自我定义或引用时。因此，在之前的不管什么数上反复加 1，或者不断地将一个数加到自身，都是递归操作。

但递归有不同的程度或强度。就快速达到大数而言，乘法比加法更强大（因为它相当于重复的加法），而幂运算比乘法更强大（因为它是重复的乘法）。四次迭代比幂运算更强大，以此类推，我们将登上超运算的无尽阶梯。

例如，尽管四次迭代生成大数的速度比幂运算快，五次迭代更强，但每一个超运算本身都属于同一大类的递归函数，也就是我们标识为原始递归函数的范畴。用计算机术语来说，每个超运算只需要有限多个 for 循环就能表示——幂运算需要 1 个，四次迭代需要 2 个，以此类推。

我们之前说过，高德纳向上箭头表示法只是表示超运算序列的另一种方式。例如，2↑3 与 2^3（= 8）相同，两个向上箭头等价于四次迭代，等等。如果超运算是原始递归的，那么以向上箭头的形式表示的函数也是如此。然而，我们已经看到非原始递归的阿克曼函数也可以写成向上箭头的形式！这不是自相矛盾吗？

诚然，就单个超运算来说，无论是加法还是更高层次的运算，比如六次迭代，都是原始递归的。但是，如果一个函数可以同时表示所有的超运算（这样的运算有无穷多个），那就完全不同了。而这正是阿克曼函数真正在做的。它的定义足够宽泛和强大，可以涵盖整个超运算的序列。用 for 循环的形式，表示 $A(3, n)$ 需要 1 个 for 循环，表示 $A(4, n)$ 需要 2 个，表示 $A(5, n)$ 需要 3 个，以此类推。然而，我们无法用有限多个 for 循环来表示完整的阿克曼 - 佩特函数，因为它包含了无限超运算序列中每一个可能的超运算。

要从递归中获得比任何单个超运算更大的推进力，关键是将递归函数反馈回自身。然后它就可以一次又一次有效地放大自己的力量。在阿克曼－佩特函数的例子中，出现这种情况是因为对于特定的 m 和 n 值，我们在计算其函数值时使用了第三条规则：$A(m, n) = A(m-1, A(m, n-1))$。在等式右边，第一个参数 m 的值减少了 1，但新的 n 值是阿克曼函数以相同的 m 值和 $n-1$ 反馈回来的。正是上一轮产生的阿克曼函数的这种重复输入，导致了函数的爆炸性增长。同时，对于 m 和 n 的任意起始值，阿克曼函数值具有内置的自限制性，使它最终一定会产生一个特定的输出，也就是一个确定的最终答案，即使这个数大得惊人。这是因为每一次迭代要么包含一个较小的 m，要么包含一个相同的 m 和较小的 n，从而保证了最终会计算出一个结果。

我们已经说过，阿克曼函数及苏丹函数是后来数学家设计的各种聪明方案的鼻祖，这些方案解释了如何达到比我们遇到的数大得多的数。由于斯坦豪斯、莫泽、葛立恒、高德纳和康威等数学家的工作，以及加德纳等数学传播家为非专业读者提供的通俗易懂的解释，我们已经瞥见了一座座数字高峰，它们矗立在我们之前认为的巨大数字的山麓之上。阿克曼函数和苏丹函数在大众层面很少被提及，而高德纳和康威的箭头在诸如趣味数学的书籍和文章中则有更多的曝光。然而，连接起所有这些实体的是，没有任何一个原始递归函数能够像它们一样快速增长。

从原始的阿克曼函数到康威链式箭头，以及我们遇到的各种形式的非原始递归函数，还有一点要注意的是，它们不是二元的。我们熟悉的所有算术运算，如加法、乘法和幂运算，一次只作用于两个值或操作数。如果我们称这些操作数为 a 和 b，那么加法就是 a + b，乘法就是 a×b，幂运算就是 a^b。当然，比如说我们可以依次相加两个以上的数，但每个单独的加法都是二元的。而阿克曼函数可不是这样的。

阿克曼 – 佩特函数仅仅是 A(m, n)，它只有两个变量 m 和 n，因而它是一个二元函数。那么，它怎么可能本质上等价于非二元的阿克曼的原始函数或高德纳向上箭头呢？答案是：这些函数中的第三个变量被固定在了阿克曼 – 佩特函数中的特定值 2 里。

当函数写成高德纳向上箭头的形式时，这个 2 就会作为底数出现：

$$A(m, n) = 2 \uparrow^{m-2} (n + 3) - 3$$

用康威链式箭头表示法，阿克曼 – 佩特函数等价于 3 个元素的链：

$$A(m, n) = (2 \rightarrow (n + 3) \rightarrow (m - 2)) - 3$$

其中，2 再次作为第一个元素出现。与原始的阿克曼函数一样，康威链式箭头本质上不是二元的。特别是，当三个或三个以上的数用箭头相连时，箭头不会单独起作用。相反，整个链必须被视为一个单元。

想使用费尽心思构建的函数来达到数学可观测宇宙的边缘，阿克曼函数和其他相关的非原始递归函数是进一步拓展的起点。但要理解这些拓展，我们需要进一步深入研究可计算性理论，并探索计算的可能极限，即使只是理论上可能的极限。

第 8 章

一

如果可以的话，算一算！

08

忘掉那些拥有 TB 级固态硬盘和数千兆赫兹处理器芯片的最新款高端笔记本电脑吧，忘掉当今世界上最强大的超级计算机之一——每秒能够进行 415 千万亿次浮点运算的富岳（位于日本神户）吧。无论是现在还是将来，你只需要一张纸、一个读写磁头，以及相当大的耐心，就能计算出任何可能计算的东西。事实上，你需要的只是一台图灵机。

　　图灵 1912 年出生在伦敦的梅达谷。在很小的时候，图灵就显露出了天才的迹象，这最终促使他成为计算机科学这一新兴领域的领军人物。在剑桥大学读本科的时候，图灵选修了一门逻辑学课程，并在课上了解到了判定问题。在确信希尔伯特弄错了之后，图灵决定把这个问题作为自己研究生期间研究的一部分。

　　请记住，判定问题问的是，是否总可能找到一个逐步的过程（即一个算法），在有限的时间内判定某个给定的数学陈述是否为真。希尔伯特强烈怀疑答案是肯定的，但无法证明。

　　很明显，你可以给出很多（事实上，有无穷多）可能的数学陈述。因此，我们不可能为每一个数学陈述单独编写一个算法来查验它的真假。图灵意识到，我们需要的是某种实现算法的一般方法。然后，他或许测试了判定问题。图灵提出了一个可以执行任何逻辑指令集的设备的想法。虽然图灵把这台设备称为 a — 机器（a 代表 automatic，意为自动的），但其他人很快就开始以发明者的名字——图灵机称呼它。图灵从来就没有打算真正建造他的机器：它是一个纯粹抽象的东西——不过是一个由最简单的组件构成的计算机器的数学模型。

　　图灵机仅由一个读写磁头和一条无限长的纸带组成，纸带被分成一个个小方格，每个方格里可以写一个 1 或 0，也可以留空（见图 8-1）。磁头一次扫描一个方格，然后根据磁头的内部状态、方格里的内容以及日志或程序中的当前指令来执行一个动作。例如，当前指令可能是：如果你处于状态 12，并且你正在查看的方格中包含 1，那么将它改为 0，将纸带向左移动一格，然后切换到状态 23。

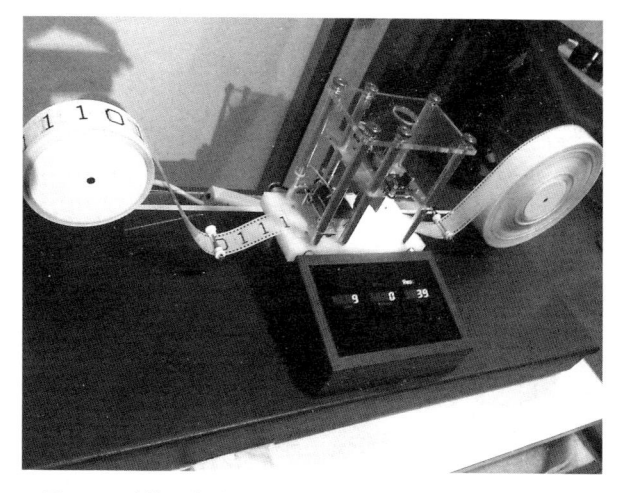

图 8-1　哈佛历史科学仪器收藏馆内展出的图灵机工作模型

在机器的纸带上，一开始是以一系列 1 和 0 的形式出现的输入。读写磁头位于输入的第一个方格上方，比如最左边的方块，并遵循给出的第一条指令。逐渐地，它通过指令列表或程序，将纸带上最初的 1 — 0 字符串转换为不同的字符串，直到最后停下来。当机器达到这个最终状态时，纸带上剩下的就是输出了。

你可以给图灵机布置最简单的也是最无用的任务之一，就是在一行 1 的基础上多加一个 1。输入是已有的一串 1，后面跟着一个空白的方格。第一条指令会告诉读写磁头从第一个非空白的方格开始，读取上面的内容。如果是 1，指令将保持它不变，然后磁头向右移动一个方格，同时保持相同的状态；如果是空白，磁头将在该方格中写入一个 1，然后停止。如果磁头已经移动到了下一个方格，指令将会被重复，一遍又一遍，直到磁头最终到达一个空白的方格，然后用一个 1 替换它。在字符串后添加一个 1 后，磁头可能接到指令停止或返回到起始位置，可能会再次重复整个过程并在字符串后再添加一个 1。另外，当读写磁头位于最后一个 1 时，可以引入不同的状态，并从那里继续新的操作程序。

分配给图灵机的一些任务可能会导致它永远运行下去。例如，如果你指示图灵机在每一步之后总是将它的读写磁头向右移动，无论当前方格上有什么，那么它就永远不会停止，并且你很容易预见情况就是这样的。

我们可以将刚才谈到的那种图灵机视为普通类型的。有很多不同的方法可以界定这种"普通的"类型，其中许多方法被证明是等价的，有些则不是。这是图灵考虑的第一种类型。然后，他继续描述了一种特殊的计算模型，现在被称为通用图灵机。在通用图灵机中，纸带有两个不同的部分。一部分对程序进行编码（用 0 和 1 的字符串），而另一部分保存输入数据。通用图灵机的读写磁头在这两部分之间移动，对输入执行程序指令，并记录输出。这就是它的全部内容：一条无限长的纸带，其中同时包含要运行的程序和输入／输出，以及一个读写磁头。通用图灵机只能执行六种基本操作：读、写、左移、右移、更改状态和停止。然而，尽管如此简单，它却有着惊人的能力。我们所说的"能力"是指它的计算潜力，而不是速度或易用性等表面特质。

事实上，通用图灵机虽然看起来很原始，但它可以做任何现今真实的计算机（笔记本电脑、台式机、移动设备或大型计算机）所能做的一切。凭借简单（理论上无限长）的纸带和读写磁头，它可以复现世界上最强大的超级计算机上所有可能的计算。此外，它还可以适配未来任何可以想象到的计算机（包括量子计算机这样的异类在内）所能做的任何事情。很简单，它可以运行任何可能的程序。

这可能看起来不可思议。毕竟，现实世界中的计算机千差万别。举一个显而易见的例子，不同品牌的计算机运行不同的操作系统，例如 Windows、Android、macOS 和 Linux。每个系统都有其独特的功能和用户界面。然而，从数学角度来看，它们都是一样的。事实上，所有这些都等价于一台通用图灵机。

这种等价引出了模拟的概念。如果一台计算机可以运行一个程序，该程序从操作角度来看能有效地将它变成另一台计算机，那么它就可以模仿或精确地模仿另一台计算机。例如，运行 Windows 的计算机可以执行一个程序，使其表现得就像运行 macOS 一样。它可能效率不高，因为会占用大量内存并调用大量过程，但它可以做到这一点。同样地，只要输入正确的程序，任何一台计算机（假设其拥有无限的内存）都可以模拟任何特定的图灵机，包括通用图灵机。底线是，在没有内存限制的假设下，所有真实的计算机和操作系统在数学上都等价于通用图灵机，因此它们彼此等效。

现在，正如我们所说的，图灵提出他的理论机器——通用计算模型的目的与建造一台实际的计算机无关。他的目标是解决希尔伯特的判定问题。给定特定的输入，通用图灵机可能会也可能不会停止。我们已经看过了两种可能性的例子：图灵机在已有的、由 1 组成的有限字符串后面添加一个"1"然后停止；或者图灵机永远写 1。在这些情况下，显然我们提前就知道结果是什么。

但图灵的问题是：就任何数学问题而言，是否总有可能提前确定计算能否结束。由于显而易见的原因，这被称为"停机问题"。当然，如果你不确定某个程序是否会终止，你可以让它一直运行下去，看看会发生什么。但是，如果程序运行了很久，而你在某一刻选择了放弃，你就永远不知道图灵机会在那一刻或之后的某一刻停止，还是会永远运行下去。这样的逐例评估证明不了什么；而图灵的天才之处就在于，他用精确的数学术语描述了他的计算机器，然后问无论输入是什么，是否有一种通用算法可以判定机器是否停止。1936 年，在论文《论可计算数及其在判定问题中的一个应用》（*On Computable Numbers with an Application to the Entscheidungsproblem*）中，图灵证明了不存在这样的算法。他还在论文的最后一部分证明了判定问题不存在通解。

事实上，图灵并不是第一个这么做的人。在图灵这篇具有里程碑意义的文章发表前一个月，美国逻辑学家邱奇（Alonzo Church）就独立发表了一篇文章并得出相同的结论，但邱奇使用了一种完全不同的方法——λ 演算。因为邱奇和图灵几乎同时证明了判定问题不存在通解，所以他们得出的结果通常被称为邱奇—图灵论题。这一结果有多种表述方式，但它的主旨只有一个：只有当某个数可以由图灵机或与之等价的设备计算时，我们才有可能计算或估计它。当涉及我们对越来越大的数的特殊追求时，这是一个重要的结论，意味着尽管有许多巨大的数可以通过终极计算手段（图灵机）来计算，但也有一些数是不可计算的。

怎么会有这样的数呢？我们可以定义并且知道它们的存在，却无法用任何计数或计算的方法达到它们——无论现在还是将来。在回答这个问题之前，我们需要先探索什么是可计算的，这意味着我们要在图灵机的领域里多待一会儿。

我们已经说过，从数学角度来看，普通计算机（例如写作本书时所用的笔记本电脑）都是图灵机。不过，也有与图灵机相当、但在表面上与图灵机没有任何相似之处的其他东西，因为它们似乎根本不做任何计算。"伪装的图灵机"之一，便是康威设计的《生命游戏》，我们已经在链式箭头表示法那里介绍过它。

《生命游戏》并不是某天突然出现在康威脑海中的一个偶然想法，而是基于匈牙利裔美国数学家和物理学家冯·诺依曼和波兰科学家乌拉姆（Stanislaw Ulam）最先完成的一项工作的拓展。我们稍后会听到更多关于冯·诺依曼的内容，因为他在探索数学极限和计算可能性方面做出了关键贡献。早在 1940 年，冯·诺依曼就在思考如何通过图灵机模拟以无机的方式重现我们所知的基本生命要素。作为试验冯·诺依曼生命计算理论的一种方式，乌拉姆提出了元胞自动机。元胞自动机只是一个细胞网格，每个细胞可以处于有限多个状态。理论上，它可以扩展到二维、三维或更高维，并包含许多不同的可能状态。但最容易处理的元胞自动机只是一个二维的方格阵列，每个方格有两种可能的状态：开或关；然后允许起始模式根据预先确定的一组规则进行演变。

冯·诺依曼也参与了元胞自动机的设计，有朝一日这些元胞自动机可能成为由电磁元件构建的人工生命形式的基础。冯·诺依曼尤其感兴趣的是，是否可以设计出一台能够精确复制自己的假想机器。他发现，通过在矩形网格上使用非常复杂的规则，可以建立起此类机器的数学模型。但当时他还忙于很多工作，包括"曼哈顿计划"，因此并未在这个方向上投入足够的精力。30 年后，康威想知道是否有更简单的方法来实现同样的结果，即自我复制的能力。康威偶然发现了一种极其简单但令人着迷的元胞自动机，称之为"生命"。

康威的生命宇宙（理论上）是一个无限的二维方格网络，每个方格有"死"或"活"两种状态。你可以很容易地在一张方格纸上玩有限的游戏，用棋子代表"活"方格。游戏从一个特定的活细胞模式开始，以离散的时间步长进行。在每一步中，每个细胞的新状态由与其直接相邻的 8 个细胞的当前状态决定。规则很简单：活邻居少于 2 个或多于 3 个的活细胞死亡，活邻居为 2 个或 3 个的活细胞存活；只有 3 个活邻居的死细胞复活。虽然简单，但这些规则是康威精心挑选的，以使细胞的模式倾向于以有趣且不可预测的方式进化，既不会爆炸式地快速增长，也不会过快消亡。

加德纳在《科学美国人》1970 年 10 月刊的数学游戏专栏中介绍了康威的这一非凡游戏，《生命游戏》首次引起了更广泛的关注。加德纳向读者介绍了《生命游戏》中的一些基本模式，例如"方块"，一个 2×2 的黑色矩形，永远不会改变；还有"眨眼"，一个 1×3 的黑色矩形，可以在保持中心不动的情况下，在水平和垂直这两种状态之间交替；还有"滑翔机"，一个由 5 个单元组成的图形，每四轮操作就会沿对角线移动一个方格的距离。

康威最初认为，任何起始模式都不会无限增长——所有模式最终都会达到某种稳定或振荡状态，或者完全消失。在加德纳 1970 年关于这款游戏的文章中，康威发起了一项挑战，悬赏 50 美元给第一个证明或推翻该猜想的人。几周之内，这个奖就被黑客社区的创始人之一、数学家、程序员高斯帕（Bill Gosper）领导的麻省理工学院团队拿到了。这就是所谓的高斯帕滑翔机枪（见图 8-2），它以每 30 个时间单位或一个"世代"的速度稳定地喷出滑翔机，这是它无休止的重复活动的一部分。

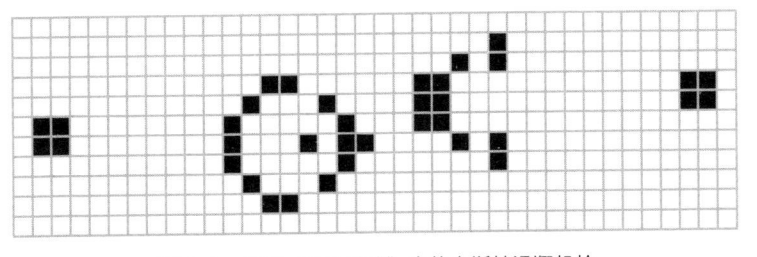

图 8-2 康威《生命游戏》中的高斯帕滑翔机枪

事实证明，高斯帕滑翔机枪的组合可以模拟构成计算机基础的逻辑门。从其中一个枪中发出的滑翔机流可以代表"高"

信号或二进制算术中的"1"，而没有滑翔机则代表"低"信号或"0"。一架滑翔机可以阻挡另一架滑翔机，因为如果两架滑翔机以正确的方式相遇，则会相互湮灭。还有一种叫作"吞噬者"的东西，它是由 7 个活细胞组成的简单结构。吞噬者可以吸收多余的滑翔机，防止它们破坏模式的其他部分，且在此过程中保持自身不变。

高斯珀滑翔机枪和吞噬者的某些配置就足以模拟通用计算机核心的基本逻辑门，或者更确切地说，模拟通用图灵机的计算能力。甚至是世界上最强大的、耗资数百万英镑的超级计算机能做的，只要有足够的时间和创造力，《生命游戏》也能计算出来。此外，由于《生命游戏》可以设定为一台通用图灵机，因此也不可能写一个程序来预测任意生命模式的最终命运，因为这样的程序也能解决停机问题。

正如图灵和邱奇所证明的，在任何情况下都无法提前确定某个给定的程序是否会停止。然而，这又提出了另一个问题：我们能否通过限制程序的能力来保证它一定终止？在大多数编程语言中，有一种方法可以轻松做到这一点：确保程序没有循环。然后，当程序从头运行到尾时，它就会停在最后。然而，在我们追求越来越大的数的特殊之旅中，这种限制是极其严苛的。即使是一些基本的任务，比如将一个数提升到其幂次，通常也需要某种循环来有效地执行诸如乘法这样的重复操作。你可以尝试一遍又一遍地复制同一行代码来实现重复相乘，这样做你可能会达到古戈尔。但从实际情况来看，想以这种方式达到古戈尔普勒克斯就成了一项毫无希望的任务，更不用说那些远大于此的数了。

如果只允许有 for 循环，那么，如前所述，我们可以计算的函数被称为原始递归函数。原始递归函数比非递归函数强大得多。例如，很容易以这种方式计算古戈尔普勒克斯（首先将 10 自乘 100 次得到古戈尔，然后将 10 自乘古戈尔次得到古戈尔普勒克斯）。但它们的力量并不止于此。如果你有一个接受某些输入的函数，那么就有可能将该输入任意多次地反馈到自身。因此，我们可以用 for 循环将乘法的结果反馈给自身，来构造幂函数。但是，当你注意到指数变成了 for 循环的重复次数时，真正的力量就显现出来了。我们可以用另一个 for 循环再将其反馈到自身，从而使外层循环的每一次重复都会导致内层循环重复的次数大幅增加。我们可以先计算古戈尔普勒克斯，然后将 10 提升到古戈尔普勒克斯次方，再将 10 提升到那个难以想象的数的次方，以此类推，重复古戈尔普勒克斯次。我们就这样得到了四次迭代。使用第三个 for 循环，我们就得到了五次迭代，依此类推。只用一个原始递归函数就可以计算 $3\uparrow\uparrow\uparrow\uparrow3$。

但是，使用原始递归函数能做的事也是有限的。你可以尝试达到葛立恒数，但你必定会失败。你甚至都无法靠近它——即使是 g_2 也将超出你的能力范围。

所以很明显，如果你想得到非常大的数并超过葛立恒数，原始递归是行不通的。到目前为止，我们已经尝试了通过限制我们的程序，来避免任何无限循环的可能。但是，如果我们使用程序的全部能力呢？如果我们允许使用任何程序，无论它的循环有多复杂，只要不会一直循环下去，那么数的大小是否有限制？事实证明，仍然存在一个基本的极限，这个极限可以追溯到停机问题本身。不过，在我们理解这个极限之前，我们必须冒险进入陌生之地——一个超越有限的领域。

第 9 章

—

无穷之事

09

没有什么是永恒的——除了在无限的时间里。没有什么是永恒的——除了在无垠的空间里。任何有限数都大不过无穷大的数。在寻找世界上最大的数的过程中，如果我们让无穷大强行进入，那可能看起来像作弊，因为到目前为止我们讨论过的所有数，无论多大，都是有限的——它们都位于实数轴的特定点上。有限数，不管多大，怎么能与无穷大的数竞争呢？不过，就目前而言，这还不是重点。但为了超过我们迄今为止遇到的有限数，我们需要寻求无穷的帮助，这么说可能有点奇怪。

　　无穷是一个难以捉摸的概念。我们无法在头脑中准确地把握它，因为我们的头脑是有限的，只能进行有限的思考，但我们认识到，现实世界中可能存在着无穷。宇宙在时间和空间上是有限的还是无限的？宇宙学家为此争论不休。目前的观测显示，答案是后者：宇宙在范围和持续时间上可能是无限的。但我们还没有足够的信息来确定这一点。我们也不知道大爆炸之前发生了什么——在大爆炸发生的那一瞬间，宇宙的所有物质开始以一种密度和压力极高的状态向外喷涌。大爆炸之前到底有什么呢？如果什么都没有，宇宙是如何从时间之外的不存在的状态，过渡到本质上有形且短暂的状态呢？

物理上的无穷以无限大的空间和时间或无限高的密度和温度的形式出现，是我们可以讨论但永远无法真正领悟的概念。数学中的无穷也是如此。我们可以谈论无穷无尽的数轴，但对无限长的数轴是什么样没有任何有意义的认识。直到 19 世纪下半叶，哲学家和数学家才对几千年前亚里士多德（Aristotle）所说的"潜"和"实"的无穷做出明确的区分。亚里士多德曾说，只存在"加法的潜在无穷"和"除法的潜在无穷"，因为"总可能找到超出总和的东西"。

大多数数学家都乐于接受潜无穷的概念。以数轴为例，他们意识到数轴不会在某一点突然终止，而且无论你沿着它走多远，后面总有更多的数。同样地，人们知道诸如 π 和 $\sqrt{2}$ 之类的无理数，其十进制展开永远不会结束，也不会以任何可预测的方式重复，但仍然不愿意将无穷作为一个整体来接受——即它本身是一个完全成形的事物，而不仅仅是有限的无限延伸。

数学家拒绝，或者根本不知道如何面对实无穷。他们觉察到实无穷就像危险的风暴云一样盘旋在他们研究的主题上，却对它视而不见。就连高斯这样的数学巨匠，也在 1831 年表达了他对"实无穷的恐惧"：

> 我反对把无穷量当作一个已完成的实体来使用，这在数学中是绝对不允许的。无穷只不过是一种说法，其真正的含义是指某些比值无限趋近的某个极限，而另一些比值

则可以无限制地增大。

这种否认的状态并没有阻止数学家通过诸如让"n趋于无穷"的方式发展关键概念，比如无穷级数、极限和无穷小。牛顿（Isaac Newton）和莱布尼茨（Gottfried Leibniz）在不必承认无穷是一种新型数学对象的前提下，各自独立地奠定了微积分的基础。但回过头来看，很明显有些事情最终还是无法避免的。甚至早在 17 世纪初，一些悖论和困惑就已经出现了，这表明实无穷并不是一个可以永远忽略的问题。这些难题源于这样一种观察：有可能将一个集合的元素与另一个大小相同的集合的元素毫无保留地一一配对。如果将这种配对原则应用到无穷大的集合，似乎就与欧几里得最先提出的"整体总是大于部分"这一常识性观念相悖。例如，所有正整数似乎能与所有偶数配对：1 与 2 配对，2 与 4 配对，3 与 6 配对等等，尽管正整数还包括奇数。伽利略是第一个在考虑类似的问题时对无穷持更开明态度的人，他说："无穷应该遵循与有限数不同的算术。"

但这会是什么样"不同"的算术呢？像无穷这样怪异的东西——在瞬间完全实现的无限——怎么可能在数学中占有一席之地呢？相比之下，潜无穷（被视为永恒追求的极限）是一个令人舒适的概念，并且正如亚里士多德所指出的，它反映在季节的无尽循环或金块明显的无限可分性（当时原子的存在是未知的）之中。

　　潜无穷的概念让我们误以为，只要走得足够远或者足够久，我们就会更接近无穷。只需再往前走一小步，我们就会得出那种流行的谬谈：无穷就像一个非常大的数，而 1 万亿或 1 万亿亿亿亿在某种程度上比 10 或 1000 更接近于无穷。但事实并非如此。沿数轴走得更远或者数到的数字更大不会让我们更接近无穷。数字 1 和任何我们想命名的有限数字（无论多大）距离无穷都是一样远。换句话说，所有的无穷都包含在任意两个数之间，无论这两个数有多近。因此，顺着越来越大的数字去寻找无穷完全是徒劳的。比如，0 和 1 之间其实就存在着无穷，因为有无穷多的分数——½，⅓，¼，等等。无穷根本不像一个大的有限数。为了处理无穷，我们必须跳出有限数的领域，不再依赖它们作为帮助理解的拐杖。

　　希尔伯特在脑海中勾勒出了一幅惊人的画面，来说明无穷的算术有多奇怪。他在 1924 年的一次讲座中说，想象一家有无限多房间的旅馆。普通旅馆一旦房间住满就无法接待更多的客人，但"希尔伯特旅馆"不同，它总能找到更多的房间。如果来了一位新客人，经理只需要让目前居住在旅馆里的所有人搬到下一个房间即可。1 号房的客人搬到 2 号房，2 号房的客人搬到 3 号房，然后沿着走廊和楼层一直延伸下去，这样新来的客人就可以住到 1 号房。哪怕 1000 位新客人来了也不会失望——只要让所有客人都搬到房间号比之前大 1000 的房间即可，没有人会被拒之门外。即使无限多的客人在没有事先通知的情况下突然到来，也只需要让 1、2、3……号房的客人搬到 2、4、6……号房，这样就腾出了（无限多）奇数号的房间，每个人都可以入住。这家最宽敞的旅馆永远不需要把任何人拒之门外——即使一天早上来了无数辆马车，每辆马车还载着无数客人。

希尔伯特旅馆是一个奇怪而美妙的地方，与我们对世界如何运作的任何常识概念都不相符。但常识在处理无穷时并没有多大用处。事实上，无穷多事物与有限多事物的性质有着本质不同。这可能很难接受，但说到希尔伯特旅馆，"每间房都有一位客人"和"可以容纳更多的客人"并不相互排斥。

无论是在科学还是数学领域，每当一场革命酝酿之时，都会在新旧两派之间拉开一条知识战线。爱因斯坦的相对论引发了争议；稍早时，当能量可以被量子化的说法在 20 世纪初开始流传时，也引发了争议。19 世纪末，数学家也迎来了自己的危机：数学界是否准备接受实无穷是一个数学对象。大多数数学家追随亚里士多德、高斯和历史上其他只容忍潜无穷的伟大人物，不愿接受。只有少数理论家准备好挥舞变革的旗帜：为一个全新的数学分支——集合论奠定基础。

站在这场革命最前沿的是三位德国数学家：戴德金（Richard Dedekind）、魏尔斯特拉斯（Karl Weierstrass），以及远远领先于其他人的康托尔（Georg Cantor）。1874 年，康托尔发表了《论所有实代数数集合的一个性质》（*On a Property of the*

Collection of All Real Algebraic Numbers）一文，文中提出的集合论以及与之相伴的无穷集概念随即在数学界引起了轰动。

康托尔意识到，用来判断两个有限集是否相等的古老配对方法，也可以应用于无穷集。由此可见，偶数的个数与正整数的个数一样多。康托尔认为，这远不是一个悖论，事实上，这是无穷集的一个定义性质：整体并不比它的某些部分大。康托尔进而证明了所有自然数的集合 N，即所有非负整数的集合 0，1，2，3，……（有时不包括 0），其元素个数恰好与所有有理数的集合 Q 一样多——有理数可以用两个整数相除的形式来表示。他把这个无穷的数称为阿列夫零（$\aleph_0$），阿列夫是希伯来语字母表的第一个字母。

你可能想知道，为什么称它为"阿列夫零"而不是简单的"阿列夫"，是因为肯定只能有一种无穷吗？好吧，首先，阿列夫零并不是无穷，因为无穷是一个广泛的哲学概念，不是一个精确的数学概念。阿列夫零是自然数这个无穷集的大小。这就是所谓的超限数，因为它的大小超越了任何有限数。其次，令人惊讶的是，有一些无穷集比阿列夫零更大。事实上，阿列夫零是最小的超限数——尽管它是无穷大的！

这怎么可能呢？自然数是无穷无尽的。说某些数集无穷无尽，另一些数集也无穷无尽，这到底意味着什么？同样，重要的是在数学上精确，而不是试图在脑海中勾勒不同类型无穷的模糊形象。康托尔能够证明，自然数集、整数集和有理数集的大小是一样的，它们都等于阿列夫零。比阿列夫零更大的是阿列夫一，我们将在本章后面的内容中定义它。根据所谓的连续统假设，阿列夫一是实数集 **R** 的大小，**R** 包括有理数和无理数。连续统假设可能是真的，也可能不是，取决于你使用哪种版本的集合论（我们稍后会回来讨论这个问题）。但是，就目前而言，把阿列夫一视为实数集的大小是有益的，因为它说明了一个超限数可以比另一个超限数大。在实数轴上，像 $\sqrt{2}$ 这样的无理数比有理数稠密得多（或者说常见得多），所以实数集比有理数集或自然数集大得多。

阿列夫的层级并不止于阿列夫一，还有阿列夫二、阿列夫三，等等，每一个都比前一个大得多。事实上，有无穷多种不同的阿列夫。不仅如此，事实证明，对每一个阿列夫，都有无限多个无穷大的数与之对应。为了理解这一点，我们必须探究超限数领域中基数和序数之间的重要区别。

在日常语言和算术中，基数告诉我们的是一个集合中有多少东西——1、6、57 等等；而序数，顾名思义，给出了事物的顺序或位置——第一、第六、第五十七等等。就一般情况而言，基数和序数之间并没有太大区别，而两者之间确实存在的任何区别似乎都很明显。

假设我们在谈论比赛。很明显，如果一组中最多有 5 场比赛，那就不可能有第 6 场比赛；如果一组中有 8 场比赛，那就仍然可能有第 6 场比赛。如果你不把它们按照任何特定的顺序排列——比如说只是把它们堆在一起，那么你也可以有 6 场比赛而没有第 6 场比赛。抛开这些细微的区别不谈，我们可以用相同的符号来表示基数和序数，如 1（或第一），6（或第六），57（或第五十七）等，不必太担心它们有何不同。

然而，当涉及无穷集时，基数和序数之间的区别就变得至关重要了。要理解其中的原因，我们需要理解集合论的基础。集合论是一个强大的数学新分支，康托尔和戴德金对它的发展功不可没。

通俗地说，数学中的集合跟任何其他类型的集合，比如一套邮票或黑胶唱片一样，只是一组对象。在描述集合时，我们通常会在大括号内列出其成员或元素，并用逗号分隔。例如 {1, 8, 64, 125} 和 { 猫 , T, 苹果 , 3} 都是集合。集合的大小（即它包含多少成员或元素）称为势，由一个基数给出。刚才提到的两个集合都有 4 个元素，因此它们的势是 4。一般来说，如果一个集合的每个成员都能与另一个集合的每个成员毫无剩余地相互配对，换句话说，它们之间一一对应，那么两个集合的势就是相同的。例如，我们可以将上两个集合中的 1 与猫配对，8 与 T 配对，64 与苹果配对，125 与 3 配对，来证明这两个集合的势相同。有限基数（衡量有限集大小的基数）就是自然数 0、1、2、3，等等。

在有限集的情况下，集合的大小（由一个基数给出）和"长度"（由一个序数给出）之间的差异很小，几乎可以忽略不计；但康托尔意识到，当涉及无穷集时，它们是截然不同的。要理解两者之间的不同，我们就要理解"良序集"的概念。如果一个集合的每个子集都有第一成员（假设这个子集非空），则认为该集合是良序的。例如，有限集 {0, 1, 2, 3} 是良序的。另一方面，整数集，包括所有负整数和正整数，{…, −2, −1, 0, 1, 2, …}，并不是良序的，因为没有第一成员。自然数集 {0, 1, 2, 3, …} 是良序的，因为尽管在末尾处没有指定的成员，但它有第一成员，而且每个只包含自然数的子集也有第一成员。

现在的一个关键点是，大小或势相等的良序无穷集可以有不同的长度。即使对数学家来说，这也不是一个容易理解的概念。严格来说，我们应该说不同的"序数"而不是"长度"，但使用更熟悉的术语有助于理解情况。我们来看良序集 {0, 1, 2, 3, 4, …} 和 {0, 1, 2, 4, … 3}，其中省略号表示"永远继续下去"。两个集合都包含所有的自然数，因此具有相同的大小或势，都是阿列夫零。但第二个集合稍长一些。乍一看，这句话似乎不合理。毕竟，如果我们谈论的是有限集，那么很明显 {0, 1, 2, 3, 4} 和 {0, 1, 2, 4, 3} 长度相同，因为它们都包含 5 个成员。但无穷集是极其违反直觉的。集合 {0, 1, 2, 3, 4, …} 没有有限的末尾成员，因为末尾的省略号告诉你要永远继续下去。{0, 1, 2, 4, …, 3} 则不同。它也包含一列永远继续下去的成员，但除此之外，它还包含一个成员，这个成员超出了这个永无止境的序列中的所有成员，并且已经从序列中脱离了出来。把 3 拿走后，序列 0, 1, 2, 3, … 和 0, 1, 2, 4, … 一样长；换句话说，你可以把这两个序列的所有成员毫无剩余地一一配对。但把 3 移到末尾，使其位于这个无限序列的后面，长度就增加了 1。我们来换一种方式想：第一个集合 {0, 1, 2, 3, 4, …} 有第一元素（0）、第二元素（1）、第三元素（2）、第四元素（3）等等。第二个集合也有第一元素（0）、第二元素（1）、第三元素（2）、第四元素（4）等等。但它还有 3 这个元素，不属于其中任何一个。我们分配给 3 的序数不是数值，而是它出现的顺序，比它前面的任何数都大。

我们需要为这一类无穷数建立一个不同于阿列夫的命名系统。数学家将最小的无穷序数——自然数集的最短长度——称为 ω。集合 {0, 1, 2, 4, …, 3}（其中 3 位于所有其他自然数之后）的序数比 ω 大 1，即 $\omega + 1$。另一种说法是，3 是集合 {0, 1, 2, 4, …, 3} 中的第 $\omega + 1$ 个元素。这里的"+"号有点误导，因为它并不意味着通常意义上的加法，而是说 $\omega + 1$ 是 ω 之后的下一个序数。序数减法的原理也与我们习惯的减法非常不同。去掉 3 之后，集合 {0, 1, 2, 4, …} 的序数仍然是 ω。例如，如果我们想计算 $\omega - 3$，我们不能简单地从自然数集的末尾删除元素，因为没有末端。相反，我们要从开头删除元素，但这样做我们就会发现，$\omega - 3$ 又成了 ω！事实是，无论从中删除多少个有限数量的元素，自然数集的"长度"都不会减少。而另一方面，又可以通过将被删除的元素放在末尾来增加自然数集的长度。

简而言之：阿列夫零和 ω 都指向同一个集合——自然数集。阿列夫零是它的大小（包含多少个元素），ω 是它的最短长度。自然数集的长度可以通过将元素从通常的顺序中取出并放在末尾来增加。例如，集合 $\{2, 3, 4, \cdots, 0, 1\}$ 的势为阿列夫零，序数为 $\omega + 2$。我们可以将越来越多的元素移到意味着"永远继续"的省略号后面，继续增加自然数集的长度：$\omega + 3, \omega + 4, \cdots\cdots$一直到 $\omega + \omega$（或 $\omega \times 2$）。例如，$\omega + \omega$ 可以写成所有偶数的子集后面跟着所有奇数的子集 $\{0, 2, 4, \cdots, 1, 3, 5, \cdots\}$，因为它们的长度都等于 ω。然后我们可以与之前一样，继续把元素移到末尾；例如，$\omega \times 2 + 1$ 的一种写法是 $\{2, 4, \cdots, 1, 3, 5, \cdots 0\}$。然后，我们可以达到 ω 的次方，如 ω^2、$\omega^3 \cdots\cdots$，一直到 ω 的 ω 次方（ω^ω），然后到 ω 的幂塔，这个幂塔越堆越高，直至达到一个高为 ω 的幂塔。这时，我们就达到了一个新的层级——一个被康托尔称为 ε_0 的序数。正如 ω 是位于有限序数之外的最小序数，ε_0 是位于任何对 ω 进行加、乘和幂运算所得到的序数之外的最小序数，它是通向 ε 领域的大门（见图 9-1）。和 ω 一样，ε 也是无限大的。描述 ω 的整个过程也可以对 ε 重复，直到穷尽所有可能对 ε 使用的数学运算，包括 ε 的幂塔，甚至 ε 的 ε 次方。这时，我们就到达了无穷序数的下一层级，这一层级从 ζ_0 开始。就这样一直持续下去。

更重要的是，进一步发展的困难在于符号。最终，为了表

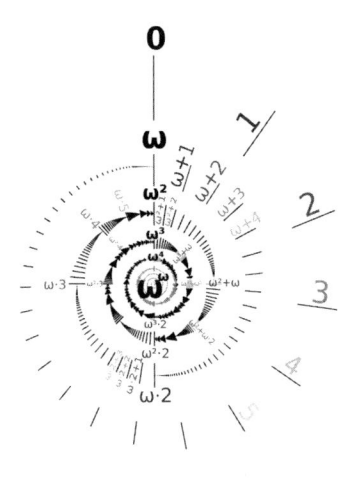

图 9-1　不超过 ω^ω 的序数的一种表示。螺旋的每一圈代表 ω 的一个次方

示无限序数组成的延伸到远处的层级，所有希腊字母，连同任何其他常规标记系统，都被用尽了。除了要找到更强大、更紧凑的方法来记述庞大的无限序数外，技术难度也在不断增加。一旦 ζ_0 被远远抛在后面，沿途我们会遇到一些里程碑式的数，它们都是以相关数学家的名字命名的：费弗曼－舒特序数、大小维布伦（Veblen）序数（两者都大得离谱）、巴赫曼－霍华德（Bachmann-Howard）序数和邱奇－克莱尼序数。要完整描述这些数中的任何一个，本身就需要一本书，因为它们背后的数学非常深奥。例如，由邱奇和他的学生克莱尼（Stephen Kleene）首次描述的邱奇－克莱尼序数甚至大到了没有任何符号可以达到它。

　　职业数学家都很少遇到这些序数，更不用说普通民众了；

关键之处在于，它们本质上都是可数的。换句话说，到目前为止我们讨论过的所有无限序数，从 ω 开始，都可以与自然数毫无剩余地一一配对。另一种说法是，它们都对应于基数阿列夫零。即便到达 ε_0 甚至是强大的邱奇 - 克莱尼序数时，我们也并不比开始时更接近一种更大的无穷：尽管它们可能是巨大的，但也只是代表了自然数集的不同排序方式。一种更大的无穷意味着完全超越阿列夫零。但这怎么可能呢？

阿列夫零与我们习惯处理的数不同。$1 + 1 = 2$，但阿列夫零加 1 仍然是阿列夫零。阿列夫零加上或减去任何有限数仍然是阿列夫零。这意味着《十个绿瓶子》(*Ten Green Bottles*) 这首歌的歌词会有一个新的变化：墙上挂着阿列夫零个绿瓶，墙上挂着阿列夫零个绿瓶，如果一个绿瓶不小心掉下来，墙上还挂着阿列夫零个绿瓶（无限重复）。你不能通过加、减或乘以任何有限数（甚至乘以阿列夫零）来改变阿列夫零。但康托尔用一个现在以他的名字命名的定理证明了，存在一个由无穷组成的层级，其中阿列夫零是最小的。下一个无穷基数阿列夫一要大得多，它的大小等于所有可数基数（即势为阿列夫零的基数）的集合。

因为自然数是可数的，所以自然数集的大小——阿列夫零，被称为可数无穷基数。与之对应的是最小的可数无穷序数 ω，以及其他无穷多的可数无穷序数。出现所有这些无穷多的可数序数，是因为在序数的情况下，关于顺序的信息很重要，所以必须做出比基数更精细的区分。即便如此，从 ω 开始的所有可数序数，包括伊普西隆数和其他数，基数都相同——等于阿列夫零。但阿列夫一的出现带来了巨大的变化。阿列夫一不仅比阿列夫零大得难以形容，而且它还是不可数的。与之对应的是最小的不可数序数 ω_1。

我们已经说过，阿列夫一是可数序数集的大小，但它还有其他解释吗？阿列夫零度量的是自然数集的大小。阿列夫一是否也对应于某种我们熟悉且概念上容易理解的东西？康托尔认为是的。他相信阿列夫一与数轴上的点数相同，令人惊讶的是，他发现这与平面或任何更高维空间中的点数相同。这种空间点的无穷称为连续统的势 c，也是所有实数（所有有理数加上所有无理数）的集合。康托尔的连续统假设断言 c 等于阿列夫一，这等价于说没有一个无穷集的势介于自然数和实数的势之间。然而，尽管付出了很多努力，但康托尔始终无法证明或推翻自己提出的连续统假设。我们现在知道了原因——因为它触及了数学最根本的基础。

20 世纪 30 年代，生于奥地利的逻辑学家哥德尔（Kurt Gödel）证明，从集合论的标准公理或假设出发，不可能证明连续统假设是错的。30 年后，美国数学家科恩（Paul Cohen）证明，同样的公理也无法证明它是对的。换句话说，在数学家使用的正常框架内，它的状态是不确定的。自从哥德尔发现了著名的不完备性定理之后，这种情况就一直存在。但连续统假设的独立性仍然令人不安。因为大多数数学都建立在一个普遍接受的公理系统之上，是否存在无法通过该系统判定的问题呢？连续统假设就是这一重要问题的第一个具体实例。

关于连续统假设最终是否为真，甚至它是不是一个有意义的陈述，数学家和哲学家争论不休。至于各种类型的无穷的性质和无穷集的存在本身，则在很大程度上取决于所使用的数论。整数之外有什么？不同的公理和规则给出了不同的答案。尽管在任何给定的数字系统中，无穷通常都有一个明确的顺序，但这仍使得比较各种不同类型的无穷并确定它们的相对大小变得很困难，甚至毫无意义。

在阿列夫零之外有一个高耸的基数塔。假设连续统假设为真，这也是大多数数学家的默认立场（因为它会带来有益的结果），那么下一个基数是阿列夫一，等于实数集的大小。在这之后是阿列夫二，然后是阿列夫三，以此类推，没有尽头。每个阿列夫对应于无穷个序数，其中最小的序数，在阿列夫零的情况下是 ω，在阿列夫一的情况下是 ω_1，在阿列夫二的情况下是 ω_2，……。

这些数学上的无穷是在现实世界中制定的，还是说它们都是纯粹抽象的概念？我们之前看到，宇宙学家倾向于这样的观点：我们生活的宇宙在几何上是平坦的，在空间和时间上是无限的。如果它真的无穷无尽，那么它对应的是数学上的哪种无穷呢？空间和时间似乎以离散量的形式（普朗克长度和普朗克时间）出现，这意味着它们不像数轴上的点那样连续。所以，如果实际的宇宙是无限大的，那么它似乎只能对应最小的无穷，阿列夫零。任何更大的东西都只能存在于我们的思维里，或是不受物理定律约束的柏拉图式空间里。

第 10 章

一

快速增长

10

从 1、2、3 开始，一直数下去，最终会达到迄今为止我们所讨论过的最大的有限数。但是，如果我们的目标是研究和命名大数，那么以这种悠闲的方式沿着数轴往下走会遇到两个明显的问题。第一，一次一个地往上数太慢了；第二，你最终达到的数（在宇宙目前年龄的许多倍之后！）太大了，比如古戈尔普勒克斯，它们不能完整地写成十进制数的形式。

　　认识到仅通过数数就能达到巨大的数（即使只是在原则上）的好处是，它能提醒我们这些数的唯一不同之处在于它们的大小。本质上，巨大的数与 3、28 或 1016 这样较小的数没什么区别，就像你手掌的长度与到某个遥远星系的距离在本质上没有区别一样，只是规模大小的问题。但是，正如我们已经发现的，在处理非常大的数时，问题在于如何设计出紧凑、有意义且在数学上精确的方法来表示它们。以葛立恒数为例，我们知道它在某种意义上作为一长串数字存在，最后几位数字是 262 464 195 387。它是被精确定义且具有唯一的值，但实际上没有办法用我们在中学里学到的数学或其他形式完整地写出来。这就是为什么在本书前文部分，我们开始引入一些新的想法，比如超运算序列，以便有更强大的工具将我们带入大数领域。现在，我们将更进一步，前往可计算的极限。要抵达这一站，我们将搭上一辆叫快速增长层级的便车。

我们还是用推进系统来类比，如果说推进系统可以让我们以令人眩目的高速穿越遥远的距离，那么快速增长层级就相当于曲速引擎。它的数学技术取决于三个关键概念：函数、序数和递归。我们已经以不同形式接触过这些概念了，但最好还是回顾一下，以确保我们从牢固的基础上开始前进。

记住，数学中的函数只是将输入转化为输出的一种关系或规则。因此，函数就像一种机制，它始终通过相同的过程将一组值转化为另一组值。例如，这个过程可能是"输入加 3"。如果我们称输入为 x，函数为 $f(x)$，那么 $f(x) = x + 3$。我们也有函数的函数，例如 $f(f(x))$ 以 $f(x)$ 为输入，因此 $f(f(x)) = (x + 3) + 3 = x + 6$。如果我们有函数的函数，那么为什么不能有函数的函数的函数呢？继续我们的例子，从里到外，$f(f(f(x)))$ 将 $f(f(x))$ 输入到 $f(x)$ 中，得到 $((x + 6) + 3) = x + 9$。

正如我们在第 9 章中看到的，序数描述了以特定方式排列一组数（或其他对象）的方法，这样就有了第一、第二、第三，等等。如果集合是有限的，那么只需要通过计数就可以对其排序，即用不同的自然数来标记它的元素。但也有无穷大的序数，其中最小的是 ω——一个有阿列夫零个元素的集合的最短排序。在快速增长层级中，序数用于"索引"函数，这意味着层级中的每个函数都有一个序数标记。

让我们从一个简单的函数开始，它只是将数加 1，我们称这个函数为 f_0。如果我们对数 n 应用这个函数，那么 $f_0(n) = n + 1$。你可能会认出这就是我们之前见过的后继函数——一个将我们沿数轴推进到下一个自然数的函数。如你所知，这并不会让我们很快达到真正的大数——它只是以 1 为单位递增，所以我们接下来讨论 $f_1(n)$。我们已经在快速增长层级中迈出了第一步，将序数索引（f 的下标）从 0 增加到了 1。这个新函数将前一个函数输入到自身 n 次，换句话说，$f_1(n) = f_0(f_0(\cdots f_0(n))) = n + 1 + 1 + 1 + \cdots + 1$，其中有 n 个 1，结果是 $2n$。同样，就其让我们进入大数领域的速度而言，它也并不令人印象深刻。不过，它揭示了最终赋予快速增长层级巨大力量的过程：递归。

下一级函数 $f_2(n)$ 将 $f_1(n)$ 输入到自身 n 次。因此，我们可以将它写成 $f_2(n) = f_1(f_1(\cdots f_1(n))) = n \times 2 \times 2 \times 2 \times \cdots \times 2$，其中有 n 个 2，等于 $n \times 2^n$，这是一个指数函数。代入一个 n 值，比如 100，我们得到

$$f_2(100) = 100 \times 2^{100}$$

$$= 126\ 765\ 060\ 022\ 822\ 940\ 149\ 670\ 320\ 537\ 600$$

即大约 1.27 亿亿亿亿。这是一个相当大的跳跃。如果 $n = 100$，我们已经从 $f_0(100) = 100 + 1 = 101$ 到了 $f_1(100) = 100 + (1 \times 100) = 200$，再到 $f_2(100)$ 是一个亿亿亿亿级的数，而这只是开始。

函数 $f_3(n)$ 涉及 $f_2(n)$ 的 n 次重复，会得到一个略大于 2 的 2 次方的 2 次方的 2 次方……的数，其幂塔高度为 n。这就

把我们带到了两个向上箭头或四次迭代的阶段——我们之前在冲击葛立恒数时遇到过四次迭代的操作。如果我们试图在 $n = 100$ 时完整写出 $f_3(n)$ 的结果，那么它已经远远超出了宇宙的容量。

以同样的方式继续，$f_4(n)$ 涉及 3 个向上箭头，$f_5(n)$ 涉及 4 个向上箭头，以此类推，索引序数每增加 1，向上箭头的数量就增加 1，最终增加到 $n-1$ 个向上箭头。这无疑将我们带入了日常标准下的大数领域，但它只不过是我们已经见过的超运算序列。一次只增加一个向上箭头是无法让我们在合理的时间内达到葛立恒数的，更不用说任何更大的数了。我们需要一种新的方法。为了达到真正巨大的有限数，我们需要超越之前的一切：我们必须寻求无穷大的数的帮助。这就是快速增长层级真正发挥作用的地方：它利用无限大序数的力量来控制函数必须执行的次数。但在我们的大脑正确理解这种想法之前，我们需要更深入地研究一下超限或无穷大数的数学——特别是超限序数的数学。

正如我们在第 9 章中看到的，最小的无穷是阿列夫零，即自然数集的大小。我们发现它的数学原理既陌生又违反直觉。阿列夫零加上或减去任何有限数，结果仍然是阿列夫零，例如 $\aleph_0 + 1 = \aleph_0$，$\aleph_0 - 300 = \aleph_0$；乘以或除以有限数同样对阿列夫零无效：阿列夫零乘以 100 万仍然是阿列夫零。你甚至可以将阿列夫零加到自身，结果还是顽固地停留在阿列夫零。

阿列夫零是一个超限基数。基数衡量一个集合有多少个元素。在阿列夫零的情况下，这个集合是自然数集：$\{0, 1, 2, 3, \cdots\}$。虽然自然数集有固定数量的元素，但这些元素可以重新排列，从而使该集合具有不同的序数或"长度"。自然数集的最短长度是最小的超限序数 ω。下一个最短的是 $\omega + 1$，然后是 $\omega + 2$，$\omega + 3$，以此类推。所有这些不同的超限序数（对应于自然数集的不同排序方式）的一个关键特征是，它们是可数的。这并不意味着你可以真的把它们都数出来，而是说序数和自然数之间存在一一对应的关系。

现在，在我们继续讨论如何将所有这些应用到快速增长层级之前，我们需要了解一些与序数有关的其他概念。首先是后继序数和极限序数的概念。后继序数，顾名思义，是任何紧随在这个序数之后的其他序数。最简单的理解方法是，每个后继序数都比它前面的序数大 1。所有大于零的自然数都是后继序数。极限序数是一列序数的非零极限，序列中的所有序数都比它小，且它本身不是一个后继序数。因此每个序数要么是 0，要么是后继序数，要么是极限序数。

你不能通过在任何小于它的序数上加 1 或加上任何其他有限数来达到极限序数。根据这个定义，最小的极限序数是 ω。ω 之后的下一个最小序数是 $\omega + 1$，但这是一个后继序数。接下来还有无穷多的后继序数，直到到达下一个极限序数：$\omega + \omega$。这确实是一个极限序数，原因与 ω 相同：也就是说，你不能通过在任何小于它的序数上加 1 或其他有限数来达到它。对应于每个极限序数的，是所谓的基本序列——一列从下往上趋近（但永远不会达到）极限序数的序数。在 ω 的情形，基本序列就是自然数的序列：0, 1, 2, 3, $\cdots$。任何使用 ω 构造的序数都有一个基于此的基本序列。例如，极限序数 $\omega \times 2 = \omega + \omega$ 的基本序列是 ω, $\omega + 1$, $\omega + 2$, $\omega + 3$, $\cdots$，而 ω^2 的基本序列是 ω, $\omega \times 2$, $\omega \times 3$, $\cdots$。一般来说，最后一个 ω 可以用它的基本序列代替（适当地展开乘法和指数），因此，例如 ω^2 可以被重写为 $\omega \times \omega$。

最后，我们通过引入超限序数，为体会快速增长层级的真正力量做好准备。我们将看到用序数对函数进行标记，是如何充当跳板来达到有史以来最大的可计算有限数。我们从 $f_0(n)$、$f_1(n)$、$f_2(n)$ 开始，以此类推，以自然数为指标，逐步向上推进层级。现在我们要跳到 $f_\omega(n)$，这个函数的下标是最小的超限序数 ω。但在此过程中，我们必须克服一个问题。在我们计算以自然数为指标的函数的值时，第一步是将指标减 1，然后写下递归关系。例如，$f_3(n) = f_2(f_2(\cdots f_2(n)))$。但当指标为 ω 时，我们就不能使用这种方法了，因为 ω 是一个极限序数，所以它不是任何序数的后继。

相反，我们所做的是将 ω 替换为其基本序列的第 n 个成员，即 n 本身，因此我们发现 $f_\omega(n)$ 就是 $f_n(n)$。现在，要明确一点，我们并不是说 $\omega = n$，尽管看起来如此。我们在做的是用比 ω

小的（有限）序数来表示 $f_\omega(n)$，这样就可以把函数约化成便于计算的形式。也许你在想，我们可以用 $f_n(n)$ 而不是 $f_\omega(n)$，这样也能得到相同的结果，但这会阻止下一个关键步骤——使快速增长层级的全部潜力变得不容忽视的步骤。

一旦我们从 $f_\omega(n)$ 来到 $f_{\omega+1}(n)$，戏剧性的事情就发生了。请记住，当标记函数的序数增加 1 时，会将前一个函数反馈到自身 n 次。如果使用有限序数，这会产生固定数量的向上箭头，使用 ω 会产生 $n-1$ 个向上箭头，那么使用 $\omega+1$ 可以让我们反馈 n 次向上箭头的数量，这相当于递归强度的奇妙跳跃。

为了理解这一点，让我们来考虑函数 $f_{\omega+1}(2)$。使用我们的递归规则，它等于 $f_\omega(f_\omega(2))$。因为我们定义 $f_\omega(2) = f_2(2)$，所以我们只需将最里面的 ω 替换为 2，就可以把 $f_{\omega+1}(2)$ 重新写为 $f_\omega(f_2(2))$（我们只有知道了内部 f_ω 的值，才能算出外部 f_ω 的值）。事实证明，$f_2(2) = 8$，所以现在我们剩下 $f_{\omega+1}(2) = f_\omega(8)$。最后，我们可以简化最外层的 ω，得到 $f_8(8)$，这是一个有 7 个向上箭头的数。虽然这显示了如何使用 $f_{\omega+1}$ 来反馈向上箭头的数量，但它并没有清楚地展示该函数的强大功能。只有当 n 变大，相应的反馈循环数量增加时，这一点才会变得明显。令 $n = 64$ 得到 $f_{\omega+1}(64)$，它近似等于葛立恒数。快速增长层级的下一步，$f_{\omega+2}(n)$，就进入了一个全新的领域，因为它将用于达到葛立恒数这一级的所有数学机制都重新代回了自身。其结果是一个可以大致写成 $g_{g\cdots64}$ 的数——g 的下标有 64 层！我们没有可能理解甚至是模糊地理解这意味着什么，但在规模上它显然代表了一个改变游戏规则的爆炸式增长。

层级每往上走一步，从 $f_{\omega+3}(n)$ 到 $f_{\omega+4}(n)$ 等等，递归操作的数量就会进一步急剧增加，这些递归作用于上一步中得到的已经相当大的数。可数无穷序数延伸到很远的地方，每一个后继序数都为递归函数提供了基础，这个函数完全使前一个序数的能力相形见绌。这些 ω 单独形成了一个很长的序列，只有当我们达到 ω 的高为 ω 的幂塔时才结束。这个强大的序数称为 ε_0，它实在是太大了，以至于我们无法在传统的算术系统［即皮亚诺（Peano）算术］中描述它。沿着 ω 的永恒之路每走一步，递归产生的有限数就会跃升一个难以理解的量。但是，正如我们在第 9 章探索无穷时看到的那样，在最高的 ω 幂塔之外，还有一层又一层更大的无限序数，首先是 ε，然后是 ζ，等等，无穷无尽。这些日益庞大的序数可以用于定义越来越强大的反馈程度。

最后，我们得到了一个非常大的序数，称为 Γ_0，它还有一个更有气势的名字——费弗曼 – 舒特序数，以最先定义它的美国哲学家、逻辑学家费弗曼（Solomon Feferman）和德国数学家舒特（Kurt Schütte）的名字命名。尽管 Γ_0 仍然是可数的，且在它之外还有其他的可数序数，但定义它实际上需要用到不可数序数（即那些不能通过重排阿列夫零的元素来生成的序数，而是需要阿列夫一或更多元素）。这个过程让人联想到快速增长层级本身的演变过程。正如我们不得不在快速增长层级中使用无限序数来描述巨大的有限数一样，我们也需要使用不可数序数来描绘真正巨大的可数无穷序数。现在已经没有任何形容词可以充分描述由递归产生的费弗曼－舒特序数和其他超过它的序数，也没有任何数学家有足够的脑力或智慧来真正掌握他们的递归技术所能产生的大数。然而，这些数是存在的，大小是有限的（也位于我们小时候就熟悉的数轴上），原则上它们可以通过从零开始一个一个往上数来达到。

在寻找世界上最大的数的过程中，我们交替研究了大数的具体例子，以及生成和定义大数的方法。例如，前者包括古戈尔、莫泽数和葛立恒数；后者包括超运算序列、康威链式箭头，以及现在这种惊人的强大的方法，即使用一列由无尽增加的连续超限序数所标记的函数。

我们一直在说一个快速增长层级，而不是某个特定的快速增长层级，这是有原因的——快速增长层级有不同的变体。这些变体在初始函数 f_0 的选取和极限序数的基本序列的选取上都可能有所不同。所有快速增长层级都有一个共同点，那就是它们都是由序数标记的快速增长函数序列。

哈代在 1904 年给出了使用这一概念的最早例子之一——哈代层级。哈代层级以一种非常平淡的方式开始：$H_0(n) = n$，$H_1(n) = n + 1$，$H_2(n) = n + 2$，以此类推，所有的有限序数都遵循同样的模式。甚至到了超限指标，它的速度也不是很快：$H_\omega(n) =$

$2n$，$H_{\omega+1}(n) = 2n + 2$，$H_{\omega+2}(n) = 2(n + 2)$，$\cdots$，$H_{\omega 2}(n) = 4n$，$\cdots$，

$H_{\omega 3}(n) = 8n$。到 $H_{\omega^3}(n)$ 时，它才刚达到四次迭代的水平。但哈代层级在历史上很重要，因为这是第一次使用超限序数来标记递归函数，因此它也是增长更快的函数族（比如快速增长层级）的祖先。事实上，这两个层级密切相关。对于任何序数 α，f_α 都与 H_{ω^α} 相同，因此，例如，$H_{\omega^{(\omega+1)}}(64)$ 与葛立恒数相当。哈代层级最终会追上我们的快速增长层级——但要等到它的指标达到 ε_0。

大数数学家以寻求定义越来越大的数为消遣，他们推崇快速增长层级，是因为快速增长层级在职业数学中也有用武之地。快速增长层级在一个多世纪以前首次发展起来，经过学术界几十年的尝试和测试后，它们为大数爱好者建立更多推测性想法提供了坚实基础。在主流数学中，人们当然知道快速增长层级可以非常快地生成大数，但它们的主要用途是作为基准来衡量其他函数的增长速度。大数学家也以这种方式使用快速增长层级，将其作为一种成熟且久经考验的工具来衡量以惊人速度增长的不同函数的强度。在这些爆炸性增长的竞争对手中，值得注意的是一类叫 TREE 的函数。

顾名思义，数学中的树和长在地上的树或家谱树很像，其树枝从一棵共同的树干上伸展开来。数学中的树是图的一种特殊变体。通常我们认为图是画在绘图纸上的图表，其中一个值随着另一个值的变化而绘制而来。但我们所说的与树有关的图

是不同的：它们是表示数据的方式，其中点（称为结点）通过线段（称为边）连接。如果可以从一个结点出发，沿着边移动到其他结点，最后再返回到这个结点，并且在此过程中不重复经过任何边或结点，那么所经过的路线称为一个圈，这样的图称为有圈的；如果可以从任意结点出发到达另一结点，并且在此过程中不重复经过任何边或结点，那么所经过的路线称为一条道路，这样的图称为连通的。连通且无圈的图称为树。家谱树和真正的树木也有这种结构。如果给每个结点分配唯一的数或颜色，那么这棵树就称为有标记的。此外，如果我们指定一个结点作为根，那么我们就有了一棵有根树。有根树的一个有用的性质是，对于任何结点，总是可以找到一条追溯到根的道路。

一些数学树的分支结构与真实的树一样，可以嵌入其他同类的树中。这样的树称为可同胚嵌入的。这是一种花哨的说法，表示两棵树在形式或外观上很相似，一个就像是另一个的缩小版。当然，数学家对它的定义更为精确。他们从一棵较大的树开始，用几种不同的方法来看它能被修剪掉多少。首先，如果一个结点（除根结点外）只有两条边，一条指向它，一条远离它，那么就可以删除这个结点，将两条边合并为一条边。其次，如果两个结点由一条边相连，那么就可以折叠这条边，将两个结点压缩成一个结点，这个新结点的颜色是原来离根较近的那个结点的颜色。如果一棵较小的树可以通过对一棵较大的树以任意顺序施行上述两种操作得到，那么就说这棵较小的树可以同胚嵌入到这棵较大的树中。1960 年，美国数学家和统计学家克鲁斯卡尔（Joseph Kruskal）证明了一个与这种树有关的重要定理。假设有一个树的序列，其中第一棵树只有一个结点，第二棵树最多有两个结点，第三棵树最多有三个结点，以此类推，并且没有一棵树可以同胚地嵌入到后面任何树中。克鲁斯卡尔发现，这样的序列总要在某个时刻终止。现在的问题是：这个序列可以有多长。

作为回应，美国数学家、逻辑学家弗里德曼（Harvey Friedman）定义了树函数 TREE(n)。1967 年，弗里德曼作为当时世界上最年轻的教授（斯坦福大学助理教授，年仅 18 岁）入选吉尼斯世界纪录。此后，他研究了不同 n 值时该函数的输出。第一棵树由一个特定颜色的结点组成，这个颜色不能再次使用。如果 $n = 1$，这就是唯一的颜色，序列立即终止，即 TREE(1) = 1。如果 $n = 2$，那么还有一种颜色。第二棵树最多可以包含两个结点，所以它包含两个都是这种颜色的结点。第三棵树也必须只包含这种颜色，但只能有一个结点，否则第二棵树就会同胚地嵌入到第三棵树中。除此之外，不可能有更多的树了，即 TREE(2) = 3。正如弗里德曼所发现的，当我们达到 TREE(3) 时，最令人震惊的东西出现了。在复杂性和增殖的突然爆发中，结点的数量远远超过了葛立恒数，达到了小维布伦序数，也就是我们在快速增长层级的各种无穷大之间旅行时遇到的那个非常不小的数。

尽管 TREE(3) 很庞大，但正如 TREE 函数为任何特定的 n 生成的数一样，它绝对是有限的。克鲁斯卡尔自己证明了，任何 TREE(n) 最终都会产生一棵包含先前某棵树的树，因此对于每个 n，TREE(n) 都会输出一个有限的结果。然而，对任何特定的 TREE，要证明这一点既不容易也不简洁。弗里德曼找到了一种方法，可以计算出需要多少符号（例如加减号、指数或其他数学符号）才能证明 TREE(3) 是有限的。他的答案是：$2\uparrow\uparrow1000$，或者说 1000 个 2 堆叠成的一个幂塔。

TREE(n) 的增长速度是巨大的，其下界是小维布伦序数所在的快速增长层级。然而，即使是 TREE 函数，其增长速度与图论中出现的其他函数相比也根本不值一提。定义了 TREE 函数的弗里德曼还设计了所谓的次立方图（SCG）函数和单次立方图（SSCG）函数。和 TREE 函数一样，这些函数一开始很温和，但之后会突然膨胀，令人震惊。例如，SSCG(0) = 2，SSCG(1) = 6。然后迅速增长到 SSCG(2)，大约为 $10^{3.5775 \times 10^{28}}$（以数字 11 352 349 133 049 430 008 结尾）。再往后的数就没法用传统表示法来表示了。SSCG(3) 的确切值尚不清楚，但已证明它比 TREE(3) 或 $\mathrm{TREE}^{\mathrm{TREE}(3)}(3)$ 大得多。

尽管 TREE、SSCG 以及像它们一样超高速增长的函数可以迅速地产生惊人的大数，但它们还是可计算的。换句话说，可以写出一列有限的、逐步的指令或算法来计算它们在任何给定输入下的输出。然而，还有一些函数，无论使用什么资源（如时间、内存或处理速度）都不能用预先确定的方法来计算它的值，这些函数称为不可计算函数，其中一些不可计算函数最终超过并居于我们迄今为止看到的每一个函数之上。

第 11 章

—

不要计算！

11

海狸以勤劳和能够建造动物王国中最大的建筑而闻名。一个四口之家可以在一天内筑起1.5米长的坝墙，最终建成一个通常宽5—10米、高约1.8米的结构。世界上最大的海狸坝是在加拿大阿尔伯塔省北部的偏远地区发现的，其长度达到了令人难以置信的850米，从太空中都能看到。考虑到这样的建筑物及其建筑师——勤劳的啮齿类动物，匈牙利数学家拉多（Tibor Radó）将有史以来增长最快的函数之一命名为忙碌海狸函数（busy beaver，BB）。

　　要理解忙碌海狸函数是怎么回事，以及它为什么如此令人赞叹，我们必须更深入地研究可计算性理论，特别是更仔细地研究图灵机，以及理论上可计算和不可计算之间的区别。

　　图灵和邱奇、哥德尔、克莱尼、佩特以及波斯特（Emil Post）等一群数学家和逻辑学家，在20世纪30年代开创了可计算性理论。可计算性理论的核心是对可计算函数的研究，这些函数以自然数为输入，并产生一个（给定足够的资源）可能计算的输出。在第8章中，我们讨论了图灵发明的计算模型设备——图灵机。图灵机使用一条无限长的纸带，纸带被分成方格，一开始这些方格通常是空白的，但可以在上面写0或1。在某个给定的时刻,读写磁头位于其中某个方格上,机器可以执行以下三个基本操作之一:读取读写磁头下方方格上的符号;通过写入新符号或擦除符号进行编辑;将纸带向左或向右移动一格。机器的实际动作取决于当前方格上的内容和机器程序给出的指令。

假设我们有一台图灵机,它只有两种可能的状态 A 和 B。处于状态 A 时,它总是在纸带上写 1,将纸带向右移动,然后变为状态 B。处于状态 B 时,它总是在纸带上写 0,将纸带向右移动,然后变为状态 A。会发生什么一目了然:机器永远不会停止,并会无休止地写下序列 101010…。大多数图灵机比这更有趣,因为指令会告诉它们首先读取当前方格上的值,然后相应地改变它们的行为。

1962 年 5 月,拉多为《贝尔系统技术杂志》(*Bell Systems Technical Journal*)写了一篇名为《论不可计算函数》(*On Non-computable Functions*)的文章。在这篇文章中,他以游戏的形式介绍了他的忙碌海狸函数。游戏的目的很简单:找出一台有 n 个状态的图灵机在停机前能在纸带上写下 1 的最大数目。设计一台不停地写下 1 的机器很容易。你只需要给它一个单一的状态 A,指示它在当前的方格中写下 1(不论那个方格中已经有什么),将纸带向左移动,并保持在状态 A,这样它就会无休止地重复这个过程。不过,拉多的游戏要求机器最终必须停止。想出一台可以写下任意多个 1 的机器也很容易。例如,如果你想写 3 个 1，你可以设计一台有 3 个状态 A、B 和 C 的机器，每个状态都告诉机器写一个 1，然后将纸带向左移动一格。除此之外，状态 A 会变为状态 B，状态 B 会变为状态 C，状态 C 会停止。通过使用相同的策略和更多的状态，你可以设计一台能在纸带上写下 10 个、50 个、100 万个或任意多个 1 的机器。然而，拉多的忙碌海狸游戏比这更微妙。它寻求的是一台有特定状态数的图灵机在停机之前能写下 1 的最大数目。例如，如果状态数 $n = 3$，这个写下 1 的最大数目就是第三个忙碌海狸数，而在停机前运行的最大步数，则称为忙碌海狸数。

对于非常小的 n 值，忙碌海狸数也很小，并且不难计算。只有一个状态的图灵机在停机前最多可以写下一个 1；唯一的选择是它向右或向左地永远写 1，但这违反了游戏规则。令人惊讶的是，如果考虑到向左或向右移动、停机或不停机、覆盖或保留的所有不同组合，一共有 64 种可能的单状态图灵机。但在停机之前，它们中的任何一个可以写下 1 的最大数目都是 1。所以，第一个忙碌海狸数是 1，第一个忙碌海狸步数也是 1。

事实证明，双状态的机器最多可以写下 4 个 1，只需要 6 步即可实现。我们可以说，双状态忙碌海狸游戏的获胜者——双状态的忙碌海狸，其获胜输出为 4 个 1，因此第二个忙碌海狸数为 4，第二个忙碌海狸数是 6。你可能会认为这很容易推算出来。但是有 20 736 台可能的双状态图灵机，检查完每一台之后才能宣布获胜者。正如拉多在其 1962 年的论文中所证明的那样，n

状态图灵机的数量由公式 $(4(n+1))^{2n}$ 给出。为了计算三状态机器的数量，我们令 $n = 3$，答案是 16 777 216。必须检查其中的每一台，看它是否可能是拉多游戏的赢家——在这种情况下，也就是要找到第三个忙碌海狸数。那些一看就知道不会停止的机器可以立即排除，但仍有数百万台机器需要检查。在计算机的帮助下，再加上一些巧妙的手动筛选，这是可以做到的，第三个忙碌海狸数原来是——6，而第三个忙碌海狸数是 21。似乎要做很多工作才能得出这个非常小的数。在四个状态时，可能的机器数量约为 256 亿，其中每一台都必须以这样或那样的方式经受检查。首先，看它是否停机；其次，如果它停机，看它在停机时产生了多少个 1。据说，4 个状态的图灵机最多只能写下 13 个 1，运行步数为 107。

到目前为止，忙碌海狸数在规模上并不令人印象深刻，其前 4 个分别是 1、4、6 和 13。在四状态机器的情况下，经过了所有的努力，仔细检查了数十亿种可能性之后，最大的（有限）输出仍然只有十几的样子。但我们以前也见过这种情况，一个快速增长函数开始时速度很慢，然后突然以令人目眩的速度快速发展。例如，我们从快速增长层级和 TREE 函数中就看到了这一点。这也正是发生在忙碌海狸函数身上的事情。

进一步发展的问题是，随着 n 越来越大，可能的图灵机（或图灵机程序）数量呈爆炸性增长。根据拉多的公式 $(4(n+1))^{2n}$，可以计算出编程五状态机器的方式一共有多少种，

令 $n = 5$，结果是 $24^{10} = 6.34 \times 10^{13}$，略高于 63 万亿。即使你有一台超级计算机（一些忙碌海狸数的研究人员确实有），也需要检查大量的不同选项。问题不仅在于五状态机器有大量的状态组合，还在于在某些情况下，即使我们假设一次运行会停止，也可能需要很长时间才能停止。它的纸带可能会左右移动，在开始一些新的行为模式之前，磁头只会写下或长或短的一串 1，之后再覆盖它们。即使经过几百万或几十亿步，也可能无法判断它最终会停机还是无限期地继续下去。

在 1984 年 8 月版的《科学美国人》中，德尼（Alexander K. Dewdney）主编的月度专栏计算机娱乐专门介绍了搜索忙碌海狸数。来自美国纽约市的业余数学家乌兴（George Uhing）读完后深受启发，并花费不到 100 美元制作了一个特殊用途的硬件，用来模拟五状态图灵机。在他的自制计算机运行了大约 3 星期并筛选了数百万种可能性后，乌兴发现了一台五状态机器。在经历了 200 多万次的移动并停机时，这台五状态的机器已经打印了 1915 个 1。他的这一发现为第五个忙碌海狸数设定了一个新的下界，而此前的最高纪录是 501 个 1。

美国内华达大学里诺分校的数学家布雷迪（Allen Brady）验证了乌兴的结果，并称这个数与四状态数（13）相比有相当大的飞跃。布雷迪说："我们区分停机机器与非停机机器的能力已经减弱了。"德尼谈到了这一发现的性质："对我来说，有趣之处主要在于一个业余爱好者在做一些专业人士非常感兴趣的事。"

1989 年，德国数学家马克森（Heiner Marxen）和邦特罗克（Jürgen Buntrock）将第五个忙碌海狸数的下界从乌兴的 1915 提高到了 4098，这一纪录保持至今。在随后的 30 多年里，没有人发现一台五状态的机器在产生超过 4098 个 1 之后停机，因此这可能是真实的第 5 个忙碌海狸数。然而，至少有 10 台已经运行了很长时间的机器仍在检查中。这些"钉子户"很可能永远不会停机，但目前尚无定论。

从这里开始，计算忙碌海狸数的问题或多或少变得无望了。六状态的图灵机有 28^{12} 台，也就是大约 2.32×10^{17}（23.2 亿亿）台。而且随着状态数量的增加，一些机器在停机前（如果它们真会停机的话）可能运行的步数也会增加，令人难以捉摸。没有人知道第 6 个忙碌海狸数是多少，要知道这一点还需要很长一段时间。目前六状态的冠军是克罗皮茨（Pavel Kropitz）在 2010 年发现的，它在超过 $7.41 \times 10^{36\,534}$ 步后产生了大约 $3.52 \times 10^{18\,267}$ 个 1。

拉多称忙碌海狸函数（输出为忙碌海狸数的函数）为 Σ，称忙碌海狸步数函数（输出为忙碌海狸步数的函数）为 BB。到目前为止，我们知道 $\Sigma(1) = 1$，$\Sigma(2) = 4$，$\Sigma(3) = 6$，$\Sigma(4) = 13$，$\Sigma(5) \geq 4098$，$\Sigma(6) > 3.52 \times 10^{18\,267}$。基于与克罗皮茨推导 $\Sigma(6)$ 下界时相同的推理，已知 $\Sigma(7)$ 的下界约为 $10\wedge 10\wedge 10\wedge 10\wedge 18\,705\,353$，而且几乎肯定的是，它会随着时间

的推移而增加。如果你想通过算出任何 $\Sigma(4)$ 之后的忙碌海狸数，或者只是找到一个新的下界，来获得荣登吉尼斯世界纪录的机会，不妨试试人人可以加入的、蓬勃发展的在线忙碌海狸社区。

看一看我们对前七个忙碌海狸数的了解，很明显，在缓慢的开始之后，它们很快就进入了真正的大数领域。其他快速增长的函数，如阿克曼函数，也倾向于如此——在突然以可怕的速度冲入数的平流层之前，让我们误以为无事发生。但忙碌海狸函数不同于我们目前看到的其他任何函数。它不仅增长迅速，而且在几步之后很难通过任何实际的手段计算，实际上它是不可计算的。

你可能会说，好吧，我们已经计算出了前四个忙碌海狸数，我们很有可能知道或者不久就会知道第五个是多少。随着计算机速度越来越快，技术越来越高明，我们会取得进一步的进展，知道第六个忙碌海狸数是多少，然后是第七个，等等。所有这一切都可能是真的——直到"等等"。通过暴力手段和聪明的想法，我们可以达到忙碌海狸序列中的某个点处，也许是第七个，也许是第八个，但这都不是重点。这个函数从根本上说是不可计算的！

还记得我们对可计算函数的定义吗？它是可以用算法计算的函数。算法是一组事先规定好的精确指令，它提供了一种为任何给定的输入找到函数值的确定方法。想想由 100 个 10 组成

的幂塔:10 的 10 次方的 10 次方的……10 次方,等等,重复
100 次。这是一个庞大的数,远远大于古戈尔普勒克斯,而且大
到永远无法完整写出来。但是写一个逐步计算它的算法是很容
易的。葛立恒数也是如此,它还要大得多。我们无法实际地计
算出某个特定输入的函数值,这并不意味着它不可计算!

　　然而,没有任何算法可用于计算忙碌海狸数。这并不意味
着,至少对于小的输入,我们找不到其他方法来计算忙碌海狸
函数的值——比如试错法。但是,如果不可能写下一个有限的
良定指令序列来计算函数在任何给定输入时的值,那么这个函
数就是不可计算的。

　　请注意,这并不是资源可用程度的问题。用更快的计算机、
更智能的软件和更长的时间可能会让你用暴力手段——逐个检
查所有可能性来证明下一个忙碌海狸数是多少。但正如拉多在
他 1962 年的论文中所证明的,你永远找不到一个算法来处理所
有的输入,因为可以通过逻辑论证,证明这样的算法不存在。

　　忙碌海狸函数不可计算的一个显著后果是,它们比任何可
计算序列都增长得快。一开始,在起步期,你当然可以找到领先
它的可计算序列。例如,前几个立方体数是 $1^3 = 1$,$2^3 = 8$,
$3^3 = 27$,$4^3 = 64$,所有这些都匹敌或超过了相应的忙碌海狸
数。又如,10 的幂塔在被超越之前,可以对忙碌海狸数保持更
长时间的领先。即使是快速增长的非原始递归函数,如阿克曼
函数(尽管是可计算的),最终也会被忙碌海狸函数完全压倒。

尽管除了前几个忙碌海狸数以外，我们不知道其他任何忙碌海狸数，但数学家对它们很感兴趣，因为它们可以用来衡量一些重要的、长期存在的公开问题的解决难度。其中之一是哥德巴赫猜想，问是否每个大于 2 的偶数都是两个素数之和。2015 年，软件开发网站 GitHub 的一位匿名用户发布了一个 27 条规则的图灵机程序，当且仅当哥德巴赫猜想为假时，该程序才会停止。这意味着，如果能计算出忙碌海狸步数 BB(27)，那么它将给出一个自动解决哥德巴赫猜想所需时间的上限。我们所要做的就是让一台有 27 条规则的图灵机运行最多 BB(27) 步，如果到那时它还没有停止，我们就知道哥德巴赫猜想是真的。我们在实践中永远无法做到这一点，因为 BB(27) 太大了，大得令人难以理解。尽管如此，能够以这种方式使用忙碌海狸数，有助于校准我们对数论中未解问题的认识状况。2016 年，阿伦森（Scott Aaronson）、马蒂亚谢维奇（Yuri Matiyasevich）和奥雷尔（Stefan O'Rear）合作进行了一项类似的分析，确定了一台有 744 条规则的图灵机，当且仅当强黎曼猜想为假时才会停止。

至此，我们只考虑了用两个符号（0 和 1）工作的图灵机，用更多状态工作的机器所产生的忙碌海狸序列增长得更快。如果状态数为 n，符号数为 m，那么 $\Sigma(n, m)$ 就是有 m 个符号的 n 状态机器的忙碌海狸数。我们已经知道了 $\Sigma(2, 2)$，即我们之前所说的 $\Sigma(2) = 4$。表 11-1 总结了目前已知的其他忙碌海狸数。注意第二行，看看这些数增得有多快，特别当 $m > 4$ 时。

我们在表 11-1 中看到的仅仅是最开始的增长。想象一下，像 $\Sigma(10, 10)$ 这样的数，或者有古戈尔个状态和古戈尔个符号的图灵机的忙碌海狸数 $\Sigma(10^{100}, 10^{100})$，该有多惊人。

表 11-1　目前已知的忙碌海狸数

	二状态	三状态	四状态	五状态	六状态	七状态
			$\Sigma(n, m)$ 的值			
2- 符号	4	6	13	4098?	$> 3.5 \times 10^{18\,267}$	$= 10^{10^{10^{10^{18\,705\,353}}}}$
3- 符号	9	$\geqslant 374\,676\,383$	$\geqslant 1.3 \times 10^{7036}$	?	?	?
4- 符号	$\geqslant 2050$	$> 3.7 \times 10^{6518}$	?	?	?	?
5- 符号	$\geqslant 1.7 \times 10^{352}$	?	?	?	?	?
6- 符号	$\geqslant 1.9 \times 10^{4933}$	?	?	?	?	?

就函数的增长速度，以及它能以多快的速度到达数字宇宙最深处来看，似乎有了忙碌海狸数我们肯定已经走到头了。有了拉多的 $\Sigma(m, n)$，我们想必已经达到了在寻求最大数的过程中可以合理定义的极限了。其实不然。忙碌海狸函数可能是不可计算的，但并非无法超越。现在，是时候进入极端大数数学这个奇怪、离谱、有时令人不能自拔的领域了。

第 12 章

——

大数数学家
的奇异世界

12

有人喜欢开快车，有人喜欢跳伞或攀岩，而大数数学家以想出表示越来越大的数的方法为乐。在某种意义上，这是终极极客的消遣。我们很容易想象《生活大爆炸》（*The Big Bang*）里年轻的"谢耳朵"花几个小时沉迷于大数数学，命名和定义越来越大的数，与其他神童在网上竞争。

　　大数数学有着悠久的历史，可以一直追溯到阿基米德和他在《数沙者》中对大数的思考。古戈尔本身是一个世纪前命名的，从 20 世纪 40 年代开始，大数就成了数学科普书中一个常见的话题。大数数学属于趣味数学的范畴，人们追求它是为了好玩，而不是期望能发现什么重要的东西。从专业的角度来看，从事研究的数学家不会仅仅因为这些数可能很大就对它们感兴趣。数学家的重点是寻找新的证明和原理，解决纯粹数学与应用数学问题。正如我们所见，只有这个学科的某些特殊领域，比如可计算性和快速增长函数理论，才与激发大数爱好者的探索有一些重叠。

　　当然，大数数学家在白天工作时也经常参与主流数学的研究。事实上，你根本不会在业余时间做这种事，除非数学让你兴奋！我们已经讲过了数学界对大数研究做出贡献的重量级人物，包括康威、高德纳和斯坦豪斯。在某些情况下，大数只是他们主要研究目的以外的副产品。例如，葛立恒当时在着手解决拉姆齐理论中一个晦涩难懂的问题，并不是为了寻找现在以他的名字命名的巨大的数。阿克曼设计其同名函数的唯一目的，是通过确定一个非原始递归函数，在可计算性理论中开辟新的领域。事实证明，阿克曼函数确实能很快产生非常大的数，而阿克曼在原始论文中甚至没有提到这一点。

在大多数情况下，大数数学只是一个助兴的小节目，一项智力爱好，其追求者往往是数学或计算机科学专业的学生或毕业生，以及对大数痴迷的人。更显眼的大数数学家经营着博客，或者经常向专门寻找大数的网站和论坛投稿，古彻（Adam Goucher）就是其中之一。古彻目前是剑桥大学统计实验室的研究员，他在三一学院攻读博士学位时，曾指导本书的作者之一班纳吉参加国际数学奥林匹克竞赛。古彻是 2011 年国际数学奥林匹克竞赛英国国家队队员；班纳吉在 2018 年国际数学奥林匹克竞赛中获得了满分（42 分）及金牌，同年也开始在三一学院攻读数学学位。

古彻发明了一种他称为 Ξ 函数的东西，它源于一个叫组合子逻辑的数学领域。组合子逻辑于 1924 年由苏联逻辑学家舍芬克尔（Moses Schönfinkel）提出，几年后由美国逻辑学家柯里（Haskell Curry）进一步发展。组合子逻辑的最初目的是绕过数理逻辑中对限量词变量的依赖，从而更好地理解彼时刚在集合论中出现的一些悖论。组合子逻辑与邱奇的 λ 演算密切相关，并且和 λ 演算一样，已经在计算机科学中用作计算模型。

古彻的 Ξ 函数建立在组合子的基础上，组合子是组合子逻辑的基本元素，是函数作用于自身的结果。Ξ 函数的出名之处在于，它的增长速度比拉多的忙碌海狸函数还要快。事实上，Ξ 函数是有史以来增长最快的函数之一——尽管它可以被其他函数超越（而且已经被超越了）。

另一位著名的大数数学家是自称巨型算术学家、笔名赛比安（Sbiis Saibian）的美国业余数学家。这个名字是他在键盘上随机敲出来的。2008 年，25 岁的赛比安还是一名大学生，他发布了网络书籍《从一到无穷：通往有限的指南》（*One to Infinity: A Guide to the Finite*），这本书后来成为社区的热门资源。赛比安是古戈尔主义最多产的创造者之一，古戈尔主义是对特定大数的一种非官方且常富有幽默感的称呼。赛比安将大数数学定义为"产生、比较和命名大数的实践 / 技艺，以及对如何做到这一点的研究和理论"。

鲍尔斯（Jonathan Bowers）是另一位美国业余数学家（尽管拥有得克萨斯大学数学硕士学位），以大数工作而闻名。现今 50 多岁的鲍尔斯可以说是大数数学的元老级人物和先驱，他使大数数学成了一门拥有自己的网络拥趸、自创规则和命名法的学科。鲍尔斯说他是在读了一本关于超运算的书后受到启发，开始深入大数研究的。所有的业余大数数学家都是以这种方式从传统数学的可靠基础（超运算序列、快速增长层级等）开始进入大数领域的。而之后的发展方向取决于大数数学家的聪明才智和数学能力。一些业余的大数工作不过是主流理论的延伸，另一些研究结果则更具争议，并在大数名人和粉丝群体中引发争论和分歧。

大数数学家对于什么样的想法可接受、什么样的想法不可接受，已经达成了某种共识。在大数论坛上发表的帖子里，除了辱骂或其他令人厌恶的内容之外，最糟糕的可能就是提出所谓的沙拉数（salad number）了。沙拉数是对一些现有的数或函数进行无聊或丑陋的扩展，并不贡献任何新的东西，最明显的例子就是在别人提出任何大数之后说"加 1"。比如，我们进行一场大数命名比赛，你从葛立恒数开始，那么我可能会用葛立恒数加 1，或葛立恒数的葛立恒数次方，甚至是"$g_{64}\uparrow\uparrow\uparrow\cdots\uparrow g_{64}$，有 g_{64} 个向上箭头"（大致为 g_{65}）进行反击。但这些回答都不是特别高明或新颖。

任何给定的数，无论多大，一旦被识别和明确定义后，我们无需高超的数学技巧或想象力的飞跃，就可以跳到一个比它稍大的数字。数轴上总有下一个数，或者是两倍于此的数。但是，如果你从葛立恒数开始，我可以用达到葛立恒数的那种方法来跳到更大的数，但我并没有真正取得新的突破：我仍然在葛立恒数的领域。任何把现有的数和函数丑陋地混杂在一起、试图超越某个原有的大数或快速增长函数的，都是沙拉数，都会招致见多识广的大数艺术实践者的蔑视和嘲笑。

话虽如此，最受欢迎的大数网站专门为沉迷于杂糅这个星球上最可怕、最复杂和最离谱的沙拉数——强大、无用且完全无法理解的 croutonillion——的人提供了一个页面。这个数学怪胎的任意起点是已经大得离谱的第 1 234 567 个忙碌海狸数。鉴于我们尚不能确定第五个忙碌海狸数 $\Sigma(5)$ 是多少（尽管人们认为它可能是 4098），而第六个忙碌海狸数至少是 $3.5 \times 10^{18\,267}$，$\Sigma(1\,234\,567)$ 显然大得无法描述。但重要的是它是一个良定的特定有限数。在 croutonillion 页面上，用户可以通过提议一种使最终结果尽可能大的方法，向沙拉中添加自己的配料。X 用来表示运行过程中的总和——换句话说，就是前面所有步骤产生的输出。从第 1 234 567 个忙碌海狸数开始，页面上出现的前几个操作是：

1     $X{\uparrow}X^{X}{\uparrow}X$

2     $\Sigma(X)$

3   megafuga(booga(X))

这到底是什么意思？第一步是将第 1 234 567 个忙碌海狸数代入 X，得到 $\Sigma(1\,234\,567){\uparrow}\Sigma(1\,234\,567)^{\Sigma(1\,234\,567)}{\uparrow}\Sigma(1\,234\,567)$。这是一个以向上箭头的形式表示的超运算，尽管看上去简单，

但其中很多项都包含着耸人听闻的信息量。我们在第 4 章中讨论过高德纳向上箭头表示法是如何工作的：我们看到，当打开这些箭头后，$2\uparrow\uparrow3$ 变成了一个惊人巨大的数。仅仅解开几层后，我们就已经遇到了 $2\uparrow(2\uparrow(2\uparrow(2\uparrow(2\uparrow(2\uparrow(2\uparrow(2\uparrow(2\uparrow(2\uparrow(2\uparrow(2\uparrow 65\ 536))))))))))))$，并且我们知道 $2\uparrow 65\ 536 = 2^{65\ 536}$，光这个数完整写下来就有 19 729 位。$2\uparrow\uparrow3$ 只不过是两个非常小的数的五次迭代，解开后却大得深不可测。得到 croutonillion 的第一步是将 $\Sigma(1\ 234\ 567)^{\Sigma(1\ 234\ 567)}$ 个向上箭头应用于底数 $\Sigma(1\ 234\ 567)$ 和幂次 $\Sigma(1\ 234\ 567)$。这个异常大的输出变成了新的 X 值，然后代入第二步。为此，我们需要做的就是找到（新的）第 X 个忙碌海狸数，即 $\Sigma(\Sigma(1\ 234\ 567)\uparrow\Sigma(1\ 234\ 567)^{\Sigma(1\ 234\ 567)}\uparrow\Sigma(1\ 234\ 567))$，这就是要代入第三步中的 X 值。

大数数学家最喜欢的莫过于为他们精心设计的超级快速增长函数想出一些傻乎乎的名字。第三步 megafuga(booga(X)) 涉及两个函数的联合作用，这两个函数是赛比安从传统的快速增长层级中外推出来的，并在他的个人网站 Large Number 上定义和命名。这种快乐的疯狂还在继续，沿着古怪的 croutonillion 指令列表不断前进。在第 12 步，我们遇到了 "gongulus-($2X$ + 1)-plex"，别管它是什么。第 13 步遇到我们的朋友 TREE 函数，它的形式为 $\text{TREE}^X X$。如果有时间和耐心的话，你可以去访问 croutonillion 页面，查看到目前为止已经输入的全部 3978 个步骤。不过，你最好从这一页的第一句话开始读：croutonillion 是一个前所未有的毫无意义的大数，由一连串荒谬且完全任意的步骤组成。已经警告过你了！

数学是最有智慧的追求之一。它当然有重要的实际应用，事实上，数学在商业和建筑等领域的应用帮助促进了它在早期文明中的快速发展。但纯粹数学——为了数学而数学——是对大脑的极端挑战，不论它最终是否会被应用于现实世界。数学家相互竞争、企图智胜对手的历史由来已久，鉴于他们是最优秀的抽象思想家，这也不足为奇。这样的比赛至少可以追溯到16世纪，在处于文艺复兴时期的意大利，相互竞争的数学家彼此提问，然后试图解决问题，其他人则对结果下注。现在仅有的官方数学竞赛都是针对年轻人的，每年一次的国际数学奥林匹克竞赛便是这种竞争的巅峰。但是大数数学家之间的争夺是描述和命名越来越大的数。即使在学术界，挑战有时也会以谜题和游戏的形式出现。记得在费马（Pierre de Fermat）去世后，人们在一本书的空白处发现了他的手写笔记，这几乎可以肯定是对其他数学家的挑战，后继数学家尝试解决的就是后来被称为费马大定理的问题。

在第 11 章中，我们看到拉多在 1962 年的文章中是如何以游戏的形式介绍了他的忙碌海狸函数，目的是找出 n 状态的图灵机在停机前最多能写出多少个 1。事实上，拉多的游戏，以及对特定不可计算函数的行为的探索，确实与正统的数学有一些重要联系。美国理论计算机科学家阿伦森强调了忙碌海狸函数在这方面的重要性。阿伦森是得克萨斯大学奥斯汀分校计算机科学系的布鲁顿（David J. Bruton）荣誉教授，也是该校量子信息中心的创始主任。阿伦森是将工作延伸到大数领域的杰出学者典型，他的文章《谁能命名更大的数？》（*Who Can Name the Bigger Number?*）在计算机科学界被广泛引用，同时那也是一篇优秀且易于理解的关于大数的一般性介绍文章。

阿伦森在 2020 年发表了论文《忙碌海狸前沿》（*The Busy Beaver Frontier*），更新了忙碌海狸函数的故事，并称赞了它作为教学辅助工具的优点：

> 在我看来，忙碌海狸函数使可计算性和不可计算性的概念无比清晰，超越了以往任何其他发明。我最近在教 7 岁的女儿莉莉可计算性，几乎完全是从古代寻求命名最大数的角度进行的。至关重要的是，如果你坚持不懈地追求这个孩子气的目标，就会不可避免地走向类似忙碌海狸函数的东西，从而引出对计算机程序空间的抽象推理、停机问题，等等。

阿伦森还解释了忙碌海狸研究如何进一步为数论、集合论和数学基础中的一些未解决问题提供重要见解，科拉茨猜想就是其中之一。这个猜想的陈述非常简单，可以作为小朋友的数学练习题。科拉茨猜想说的是，你从任意一个整数开始，如果它是偶数就除以 2，如果它是奇数就乘以 3 然后加 1，不断重复这些操作，最终你将得到数 1。自从德国数学家科拉茨（Lothar Collatz）于 1937 年首次提出这一猜想之后，尽管数论学家不断努力，它仍旧悬而未决。法国数学家米歇尔（Pascal Michel）和阿伦森都认为，理解图灵机在忙碌海狸游戏中的行为，特别是确定它们何时停机，与解决科拉茨猜想密切相关。阿伦森还指出，忙碌海狸数的序列考验着公理系统——即所谓的策梅洛 - 弗伦克尔集合论的极限，而这一公理系统几乎构成了所有现代数学的基础。

因此，尽管大多数职业数学家并不像业余爱好者那样热衷于定义和命名更大的数，但大数数学并非没有优点。它可能有助于解决一些长期存在的公开问题，并揭示我们当前数学宇宙的极限，就像用世界上最大的望远镜观测太空可以将物理宇宙的边界拉近一样。

大数数学的一切都是为了走得更远更快，因此举办过数次关于大数的竞赛就不足为奇了。其中最早的一场竞赛是美国数学家默夫斯（David Moews）组织的大数烘焙比赛（Bignum Bakeoff）。默夫斯在 1984 年的国际数学奥林匹克竞赛中获得满分（42 分）金牌，并于 1993 年在美国加州大学伯克利分校获得博士学位。在 2001 年 12 月举行的大数烘焙比赛中，参赛者面临的挑战是用 C 语言编写一个长度不超过 512 个字符（不计空格）的计算机程序，并产生尽可能大的数。在宇宙的生命周期内，现阶段没有一台计算机能真正运行完提交的任何一份程序，因此参赛作品都是人工分析的，并根据它们在快速增长层级中的位置进行排序。获奖作品是一个名为 Loader.c 的程序，以它的创建者、新西兰人洛德（Ralph Loader）的名字命名。产生最终的输出需要一台内存大到不可思议、运行时间长到离谱的计算机。但如果能做到的话，输出结果将是洛德数——它是一个比TREE(3) 和次立方图数序列的第 13 个成员 SCG(13) 等大数宇宙中的其他英雄成员更大的整数。

2007 年，一场名为大数决斗（Big Number Duel）的大数竞赛引来了麻省理工学院的哲学家、研究生院的老校友拉约（Agustin Rayo，绰号墨西哥乘法器）和普林斯顿大学的叶尔加（Adam Elga，绰号邪恶博士）（见图 12-1）。他们在这场回合制比赛中对决，看谁能定义出最庞大的整数。这场数值大战在麻省理工学院史塔特中心一个房间里举行，因为融合了幽默、错综复杂的数学、逻辑和哲学技巧，并带有世界拳王赛的戏剧性而座无虚席。叶尔加开场时乐观地写了数 1，也许是希望拉约能好好休息一天。但拉约迅速反击，在整个黑板上写满了 1。叶尔加立即在除了两个 1 之外的所有 1 的底部附近擦出一条线，把它们都变成阶乘符号。然后，决斗继续，直到两位参赛者都发明了自己的符号来表示越来越大的数时，决斗终于超出了人们所熟悉的数学。其间，一位观众问叶尔加"这个数可计算吗？"叶尔加稍顿片刻，回答说不可以。最后，拉约用一个数给了叶尔加致命一击，拉约说："在一阶集合论的语言中，比包含不超过 1 古戈尔个符号的表达式可以命名的有限正整数都大的最小正整数。"拉约数到底有多大，我们不知道，而且可能永远也不会知道。即使在能容纳一个或更多古戈尔个符号的宇宙中，也没有计算机能算出这个数。

LARGE NUMBER CHAMPIONSHIP
Two competitors. One chalkboard. Largest integer wins.
Sponsored by MIT Linguistics & Philosophy. For details see http://student.mit.edu/iap/nc19.html

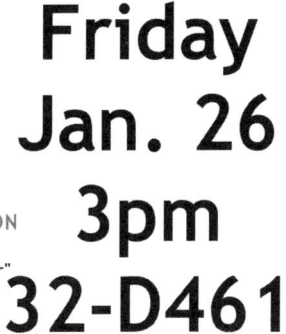

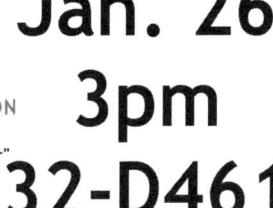

Friday
Jan. 26
3pm
32-D461

Your MIT
DEFENDING CHAMPION
Agustin
"The Mexican multiplier"
"Plural power"
"Ray gun"
RAYO

The
CHALLENGER
Adam
"The mad Bayesian"
"Dr. Evil"
"Elg-finity"
ELGA

图 12-1　大数决斗的宣传海报

拉约数是世界上最大的数吗？显然不是，因为总有拉约数加 1——更不用说乱七八糟的沙拉数 croutonillion（它含有许多基于拉约数的成分）了。当我们谈论非常大的数时，还必须考虑我们所做的假设。与我们所处的物理宇宙不同，有许多可能的数学宇宙，每一个都是由决定其性质的一组公理（即假设的真理）唯一定义的。

第 13 章

—

超越之桥

13

数轴永远延伸。然而，不知何故，在它之外还有别的东西——无数个本身就无限大的数。这两者之间没有平滑的过渡区域：没有大于有限但小于无穷的数。自 20 世纪初人们开始广泛接受康托尔关于集合论和超限数的工作以来，这一直是主流数学的现实。

但也有人反对这种现已成为正统的数学现实图景。有人说无穷是虚构的，另一些人认为在实践中有限数的大小是有极限的。与此同时，最近的数学研究已经踏入了一个可能介于有限数和无穷之间的荒原，并对无穷的意义和数学与我们所处世界之间的关系提出了质疑。

无穷一直是一个敏感话题。就其本质而言，我们无法想象它。体积有限的大脑永远无法给无穷描绘出一个有意义的心理形象。但这并不是否认无穷可能存在的充分理由。我们大多数人都无法理解一个物体在四维或更高维度上的样子（尽管有少数人声称他们已经通过训练做到了这一点），但毫无疑问，理论学家能够非常顺利地处理更高维度的形状和空间。数学家经常分析各种我们无法想象的东西。就这一点而言，物理学家已经发现了现实世界中不可想象的部分，例如大部分发生在量子力学领域的事情。我们视觉化的能力，或通过"常识"来理解事物的能力都是有限的，但这种有限性并不能成为否定某些东西可能为真的充分理由。

当谈到无穷时，我们可以想象一些无限延伸到远方的东西——无论是外太空还是数轴。我们也可以理解时间只是以线性或周期性的方式持续不断地流淌，而不是在某个时刻突然停止。事实上，在许多方面，当谈到物理宇宙或数轴时，我们很难想象它们走到尽头是什么样子，如同很难想象它们没有尽头是什么样子。毕竟，如果时间最终停止，那停止以后会发生什么？存在似乎需要时间。如果空间在某个边界处结束，那么另一边是什么？如果数学中没有所谓的无穷，那么我们不能超越的极限在哪里，它又是什么呢？

亚里士多德对潜无穷和实无穷（或"完成的"无穷）的区分，以及他对后者存在的否定，具有持久的感染力。康托尔因敢于将实无穷引入数学而受到了无情的攻击，尤其是遭到曾经的导师克罗内克（Leopold Kronecker）的攻击。克罗内克说："我不知道康托尔的理论中什么占了主导地位——哲学还是神学，但我确信那里面没有数学。"早在康托尔之前，高斯就已经表明了与当时大多数数学家一样的立场："无穷只不过是一个帮助我们谈论极限的比喻。完成的无穷这一概念不属于数学。"

在集合论建立完善之后，反对数学中存在无穷的声音此起

彼伏。奥地利裔英国哲学家维特根斯坦、荷兰数学家布劳威尔
（Luitzen Brouwer，现代拓扑学的创始人）和英国数学家古德斯
坦都向新现状发起了挑战。这种被称为有限主义的对立哲学，
其核心观点在于，无穷是人类头脑中虚构的幻想，它在实践中
是一个无效的概念，只有有限的数学对象才真正存在。有限主
义者并不质疑自然数的真实性，还可能乐于接受这样的数不会
在某处突然遇到障碍。他们普遍认为数轴无界的想法是合理的，
而且在诸如极限的定义中是至关重要的。

我们以 $y = 1/x$ 的图像为例：随着 x 越来越大，y 越来越小，
曲线越来越接近 x 轴。通常我们说当 x 趋向于无穷时，y 的极限
是零。有限主义者不会对这种说法提出异议，但会争辩说以这
种方式引入无穷只是一种简略表达或形式主义，唯一涉及的数
学现实是有限数。就集合论而言，有限主义反对所有自然数的
集合这一概念。

哲学家、数学史家蒂勒斯（Mary Tiles）区分了所谓的经
典有限主义者和严格有限主义者。经典有限主义者遵循亚里士
多德的模式，乐于接受潜无穷对象的概念；严格有限主义者阵
营的某些人则对诸如"每个自然数都有后继"这样的陈述和谈
论"无穷级数是部分有限和的极限"有多大意义等都持有怀疑
态度。有限主义再往前一步，就来到了所谓的超有限主义立场，
后者甚至挑战了有限数可以任意大的说法。

超有限主义的核心是相信物理宇宙就是存在的一切，不

存在脱离自然界、居住着纯粹数学实体的柏拉图式的地方。如果没有或永远不会有足够的空间、时间、物质、能量或计算能力来容纳一个数，那么超有限主义者可能会拒绝接受这个数的存在。根据这种哲学，目前为止我们在旅途中遇到的许多大得可怕的整数都已经没有存在空间了。通常，我们认为像 $5\uparrow\uparrow\uparrow\uparrow8$（用向上箭头表示的六次迭代）这样的数是存在的，即使物理上不可能把它完整地写出来。超有限主义者会否定这个假设，并指出这样一个事实：在实践中，从 0 开始应用后继函数 $5\uparrow\uparrow\uparrow\uparrow8$ 次，永远无法达到这个数。自然界中没有足够的空间、物质或时间让它发生。因此，超有限主义是一种基于资源的数学哲学，而有限主义总体上呼应了亚里士多德的观点，即潜无穷是可接受的，但实无穷不可接受。

曾代表英国参加过 2015 和 2016 年国际数学奥林匹克竞赛的英国青年数学家霍洛姆（Lawrence Hollom）提供了一个有点半开玩笑的论证来定义物理宇宙中可能被实例化的最大的数。霍洛姆在剑桥大学学习主流数学之余，是一名绰号为铯博士的大数数学家，他提出了由他命名的 iota 函数 $I_m(n)$。这个函数的两个变量分别是输入 m 和时间 n。

在这个高度以物理为导向、以人类为中心的函数中，霍洛姆将 n 定义为公元前 1 年到公元 1 年（没有公元 0 年）所经历的普朗克时间。请记住，普朗克时间是自然界中最小的有意义的时间单位，大约等于 10^{-44} 秒。霍洛姆的 iota 函数断言，通过组合从公元前 1 年到某个特定的时间点（以普朗克时间为单位，如果你愿意的话也可以用终极沙拉数）之间已经定义的所有函数，可以产生最大可能的数。这似乎是一个完全混乱的配方，因为函数有各种不同的形式。不过，霍洛姆制定了四项标准，一个函数只有满足了所有四项标准，才有资格被纳入 iota 函数。这些标准指明了如何处理一个函数使其呈现为可被纳入的形式，具体方式则取决于函数的初始形式。如果一个函数在 I 对应的时刻不符合任何一项标准，但只要能在某种类型的物理存储（如计算机内存、人脑或写下来）中访问它，就仍然可以被纳入。

霍洛姆的 iota 函数包罗万象，它甚至接受之前的所有 iota 函数。换句话说，n 时刻的 iota 函数 $I_m(n)$ 的集合包含了所有满足 $x < m$ 的 $I_x(n)$。函数也可以重复出现。$I_m(n)$ 的值反映了公元 1 年以来，所有以 n 为最大可能输出的函数在 m 时刻（以普朗克为单位）的联合作用。如果未能达到最大值，则并非所有符合条件的函数都必须使用。

此刻（就是你正在读这句话的这一刻）的 iota 函数有一个最大值，尽管我们无法知道它是什么。这个函数是不可计算的，因此我们永远无法实际计算它。然而，iota 函数确实有一个确定的值，且它是多少也毫不含糊。可以说，现在我们已经跟上了时代。但是我们还要考虑未来的 iota 函数，因为这是霍洛姆数——宇宙终极数（按照霍洛姆的说法！）——的来源。

未来的 iota 函数也有实际值，不过在到达对应的未来时间之前，它的值无法被确定。这是因为每一个未来的 iota 函数不仅可以包括目前已知的函数，还包括从现在到那时将会出现的所有函数，包括在每个普朗克时间步长中涌现的所有新的 iota 函数。iota 函数通过在接下来的 10^{-44} 秒内吸收任何超过它的函数或运算，来确保它始终能够输出人类可以创造的数的绝对上限！即使出现了与 iota 函数类似的竞争对手，它所能做的也只是在 iota 函数（在下一个周期中）吸收它之前，在一个普朗克时间内保持霸主地位。

霍洛姆数是 iota 函数作用在整个人类活动历史中计算出的伟大顶点，从公元 1 年到宇宙中所有物质都坍缩成黑洞的遥远未来（大爆炸后约 1.18×10^{54} 年）。有人怀疑人类可能坚持不了那么久：有时未来 12 个月都很难预测，更不用说 100 万亿亿亿亿亿亿年后了。然而，霍洛姆数就是这样定义的：在我们的宇宙诞生后约 1.18×10^{54} 年（或在此之前达到任何稳定点的时间）的这一刻，iota 函数在输入为 200 时的输出。目前霍洛姆数尚未确定，因为它使用的函数甚至都还没定义出来。但随着时间的推移，它会有一个永远不会被超越的值。

当然了，如果认为未来只有人类才能发明新的、更强大的函数，未免有点狭隘了。毫无疑问，如果我们能存活下来，我们将制造出智力和数学能力远超我们自己的计算机。此外，其他世界也可能存在文明，它们或许让我们生成大数的能力看起来像是儿戏。但是我们可以很容易地推广霍洛姆函数，让它能够吸收新的函数，无论这些函数是在哪里、以何种方式被设计出来的。

霍洛姆并不打算严格定义 iota 函数，也不打算认真地对待它，这只是一个有趣的思想实验。相比之下，最近专业数学领域的一些研究为理解有限－无穷之分带来了真正可能的突破。日本科学与技术高等研究所的数学家横山启太（Keita Yokoyama）和法国巴黎狄德罗大学的计算机科学家帕泰（Ludovic Patey）成功揭示了有限数和无穷之间的灰暗地带。他们的工作还涉及数学和物理现实之间的关系。

广义上讲，数学中有两种陈述：有限陈述和无穷陈述。有限陈述，顾名思义，是可以不借助无穷这一概念而证明的陈述，而无穷陈述则基于"无穷大的对象存在"这一假设。数理逻辑的一个核心方面是探索这种划分，这就是为什么横山启太和帕泰的工作意义重大。2016 年，这两位年轻的研究人员提出了一个与拉姆齐二染色定理有关的证明，尽管该定理适用于无穷的对象集，但本质上是有限的。他们的结果一定会让希尔伯特高兴的。希尔伯特在 1921 年给所有数学家的任务，就是证明所有的数学都可以建立在一组有限且可被证明是一致（或者说没有矛盾的）的公理上。希尔伯特纲领的一个重要部分是为所有与无穷有关的陈述提供有限的证明和理由。希尔伯特认为，只有把一切都归结为有限数学的论证，才能驱散围绕在康托尔集合论和超限数周围的怀疑。

一个世纪前，数学家仍对假设实无穷的存在并不能有助于计算这一点感到不满。批评者认为，如果抽象的方法和概念没有实际价值，即不能用作计算的一部分，那么它们为什么要存在呢？对康托尔的新体系来说，更大威胁是它隐含了一些极度不直观的想法，例如超限数有一个无限的层级，这显然与物理现实无关，还有巴纳赫和塔斯基（Alfred Tarski）在 1924 年发表的一个悖论。根据巴纳赫－塔斯基悖论，你可以把一个由无穷多块碎片组成的球重新组合，变成两个（或三个或更多）与原来的球大小完全相同的球。当然了，你不可能用一个真实的球来玩这个数学把戏，因为真实宇宙中的物质是由原子组成的，而原子并不是无限可分的。但这也在某种程度上强化了批评者的论点：如果一个理论所依据的假设是完全不现实的，那么如何证明该理论是正确的呢？

希尔伯特担心无穷的数学过于抽象以至于无法被认真对待，也担心出现更糟糕的情况，即它们会导致实际的矛盾，这促使他提出了自己的纲领。希尔伯特在 1925 年的一次演讲中宣布："没有人能把我们从康托尔为我们创造的天堂中赶出去。"他认为，避免被驱逐的可靠方法是证明无穷集的理论可以约化到我们每个人都同意的有限性证明，从而把它建立在坚实的逻辑基础上。

然而，希尔伯特的希望在 1931 年破灭了。哥德尔确凿无疑地证明了公理系统不能证明其自身的一致性，这一论断震惊了整个数学界。哥德尔不完备性定理的一个直接后果是，任何有限数学的公理系统连其自身的一致性都无法证明，更不用说关于无穷的理论的相容性了。

随着时间的推移，有限数学和无穷数学之间的这一逻辑划分问题不但萦绕不去，而且在某些方面变得更加紧迫。基于存在无穷集的假设，数学家已经证明了一些关于自然数的定理，这些定理可能与物理学和计算机科学有关。最著名的是1994年英国数学家怀尔斯（Andrew Wiles）在证明一个困惑了数论学家三个多世纪的猜想——费马大定理时，利用了无穷逻辑。

要在有限和无穷之间建立连接，这一点并没有因为希尔伯特纲领永远无法完成而消失。哪怕部分实现这一纲领，也可能会有许多与无穷多对象相关的陈述，通过有限推理，与我们周围的物理世界联系起来。这就是横山启太和帕泰的基于拉姆齐理论的研究结果与之相关的地方。

一般来说，拉姆齐理论研究的是在什么样的条件下，即便是最混乱的系统也必然存在秩序。在这个体系下涌现出的各种定理都是基于这样一个原理：大型复杂系统无论乍看起来多么无序，都存在着具有确定结构的子系统。这意味着不存在真正的随机。我们已经研究过拉姆齐理论在与葛立恒数相关方面的应用了。横山启太和帕泰研究的核心是拉姆齐二染色定理，即 RT_2^2。

理解 RT_2^2 的一种方法是想象所有自然数的集合，或者至少是其中一小部分。把正整数想象成漂浮在无限空间中的小气泡。所有的数通过图 13-1 所示的细线网格相互配对。然后想象将任意给定数对之间的连线按照某种规则染成蓝色或红色。例如，规则可能是：对于任意数对 (A, B)，其中 $A < B$，如果 $B < 2^A$，则将其连线染成蓝色（图中为黑色），否则染成红色（图中为浅灰色）。所有的染色完成后，RT_2^2 断言有一个由连线颜色相同的数对组成的无穷子集。无论选择以何种规则进行染色，这个结果都成立。横山启太和帕泰的突破在于，可以用有限数的逻辑来证明 RT_2^2。

过去几十年中，逻辑学家发现，数学中数千个不同定理的

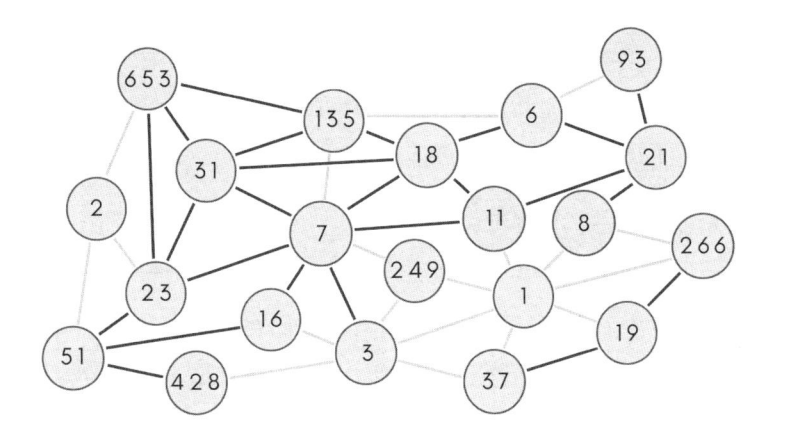

图 13-1 数对 (A, B) 的 RT_2^2，其中 $A < B$，使用如下规则：如果 $B < 2^A$，则将连线染成黑色，否则将其染成浅灰色。如果数对的集合是无限的，拉姆齐定理断言存在无穷多具有相同颜色连线的数对

证明可以约化到只有 5 个主要系统或者逻辑层级。第一级和第二级是最弱的，是有限的，其余都是无限的。1972 年，人们发现拉姆齐三染色定理（即 RT_2^3）用到了这个层级中第三级的一个证明，该证明依赖于无穷的方法。RT_2^3 涉及根据预先确定的规则，将某个无穷集中自然数（或其他对象）三元组之间的连线染成一种或另一种颜色。事实证明，在完成染色操作后，RT_2^3 所断言的单色三元组的无穷子集一定存在，但这太复杂了，无法用基于有限集的推理来处理。但它的姊妹定理 RT_2^2 呢？

1995 年，英国逻辑学家西塔潘（David Seetapun）和美国数学家斯拉姆曼（Theodore Slaman）对 RT_2^2 的状态作了一些说明。他们能够证明 RT_2^2 在逻辑层级中低于 RT_2^3，因为它涉及的染色方法不太复杂。然而，一项发表于 2012 年的工作进一步证明，RT_2^2 也不属于紧随其后的有限逻辑系统——即层级的第二级。现在最大的问题仍然是：RT_2^2 究竟处于逻辑体系的什么位置？

横山启太和帕泰给出了答案。他们综合运用多种方法，证明了 RT_2^2 的逻辑强度和原始递归函数的算术一致——正如我们在第 7 章中看到的，原始递归函数是我们在数学中最常见到的函数。关键是，这种算术是有限可约的。这是一个迷人而重要的结果，因为它表明有一些定理可以有效地跨越有限与无穷的分界。在逻辑强度上，RT_2^2 在主要逻辑系统的层级中位于第二级（有限）和第三级（无穷）之间。然而，尽管它是一个关于无穷大集合的陈述，但能够证明它可以不调用无穷的逻辑。事实上，

RT_2^2 被认为是已知有限可约且涉及无穷的最复杂的命题。

数学家现在也许可以使用同样的方法，有效地利用 RT_2^2 的无限装置，在有限数学中建立更多证明，从而在有限和无穷之间搭建更多桥梁。这种发展至少标志着希尔伯特纲领部分得以实现。更重要的是，对于那些不愿意承认数学中存在无穷实体的人来说，横山启太和帕泰的发现也给了他们些许安慰。RT_2^2 和它的双色无穷集可能无法直接转化为任何现实世界的东西。但它的逻辑基础与支撑大多数科学的数学处于同一水平，这表明不一定需要无穷的逻辑或证明就可以允许数学上的无穷。

关于有限可约性是否强化了实无穷的争论仍在继续。也许可以这么说，大多数数学家都乐于接受无穷集的效用，而不参与数学或物理世界中是否真的存在无穷的深层哲学讨论。出于我们的目的，我们接受康托尔提出的超限数的标准观点。现在是时候回答我们开始时提出的问题了：世界上最大的数是什么？

第 14 章

一

最大的数

14

这一切给我们带来了什么？对于"世界上最大的数是什么"这个问题，我们能给出的最佳答案是什么？现在，你应该已经猜到了，这很复杂！首先，既有有限数，也有超限数，让它们同场竞技是不公平的。但是，即使在有限数的范围内，当我们以完全不同的方式定义非常大的数时，也很难衡量它们的相对大小。更有趣的是，这里还有一个我们的初始假设是什么的问题——我们用来构建算术基础的那组公理是什么。

当我们最初开始寻找最大的数时，事情似乎一目了然。我们都熟悉数轴，一开始很容易就能分辨出两个数哪个更大。10比1大，100比10大，古戈尔普勒克斯比古戈尔大，等等。我们很快就会耗尽想象大数的能力，但是没关系。没有人能在脑海中真正理解古戈尔普勒克斯的巨大，但每个小孩都知道古戈尔普勒克斯加1比古戈尔普勒克斯大。

有特殊名称的数相对较少。其中一些名字，如古戈尔和莫泽数，是被发明出来的；而另一些名字，如斯奎斯数和葛立恒数，则是为了纪念它们的发现者。随着我们在数轴上越走越远，这些数就成了有用的标记。但我们很快就遇到了如何表示它们的问题。就我们在日常生活或大多数科学中遇到的那种普通大数来说，指数足以应付。可观测宇宙中只有不到 1 古戈尔的亚原子粒子，古戈尔可以很容易地写成 10^{100}，其中 100 表示如果要把它完整写出来时 0 的个数。在物理学或宇宙学中，唯一会对我们熟悉的指数形式造成压力的，是那些涉及整个宇宙的庞加莱重现时间的数。庞加莱重现时间是宇宙中的所有内容精确地返回到某个较早的量子态所需的大致时间。曾经出版过的最大的庞加莱重现时间是 10^ 10^ 10^ 10^ 10^ 1.1。

　　一方面，物理世界，以及与我们所处的物质、能量、空间和时间环境相关的数就这么多了。另一方面，数学并不局限于处理与自然有关的问题。更重要的是，如果你像大多数数学家一样假设有一个柏拉图式的世界，那里的数学对象存在于空间和时间之外，那么，用我们喜欢的任何形式书写任何数就没有空间限制了。以葛立恒数为例，我们知道它是一个特定的正整数，以数字 195 387 结尾。我们还知道，它"只不过是"一个 3 的幂塔——尽管这个塔非常高。在柏拉图的世界里，没有任何物理上的限制，葛立恒数被认为是存在且完整的，现在和将来都是如此，可以把所有的 3 堆叠成幂塔形式来表示它，也可以用其他任何我们想要的形式完整地将它表示出来。

　　问题是，当我们把东西从纯智力的无界区域带出来，并试图在真实的宇宙中实例化它们时，我们会遇到限制。葛立恒数实际上不能完整地写出来，也不能写成 3 的幂塔。可观测宇宙中几乎没有足够的空间或物质来容纳其展开形式。无论如何，如果我们从实际和人类的角度来看，完整地写出巨大的数，哪怕是比葛立恒数小得多的数，也不仅会占用大量的空间和材料，而且会占用大量的时间。即使做到了这一点，又有什么意义呢？没有人能够利用这么多细节，也没有人能从思想上掌握它。

就葛立恒数而言，你可能还记得，我们最后称它为 g_{64}，它看上去既美观又紧凑。但是，由于没有足够多有意义的符号（字母、数字等），我们只能给一小部分现有的数取特殊名称或缩写。另外，无论何时使用简写，要使它在数学上有意义，就必须有这个数是什么以及如何（至少在理论上）计算它的精确定义作为支持。

在前文中我们已经发现，我们从学生时代就熟悉的数学运算，包括一次一个往上数（后继）、加法、乘法和幂运算，只是一个被称为超运算序列的无穷层级的开始，这个序列由越来越强大的数学运算组成。幂运算之外，还有四次迭代、五次迭代、六次迭代，等等，每一级运算都相当于层级中比它低一级的运算的重复作用。当我们超越幂运算时，颇需要些创造力才能找到方便办法来表示这些日益强大的运算。把 3 的 4 次方写成 3^4 很容易，并且我们知道完整写出来等于 81。但是，倘若我们想表示 3 的第 4 个六次迭代，就需要更灵活的方案了。其中一个方案是高德纳向上箭头表示法，3 的第 4 个六次迭代可以写成 $3\uparrow\uparrow\uparrow\uparrow 4$。尽管这个数看起来无关痛痒，但它实在太大了，无法在现实宇宙中完整地写出来。然而，正如我们所了解的那样，即使是用来表示超运算和结果的紧凑表示法，在面对与葛立恒数一样大或更大的数时，也是完全不够用的。

　　幸运的是，当向上箭头和类似的符号系统溢出时，办法就在眼前。诀窍是利用更高层次的递归或反馈，这样执行重复操作的次数在一开始就不是固定的，只有随着计算的展开才知道。这就引出了非原始递归函数的概念，例如阿克曼函数和康威引入的等价方案——链式箭头表示法。

　　考虑到这一切，我们在通往"世界上最大的数"的旅程中又处于什么位置呢？让我们按照从小到大的顺序，排列一下我们在本书中遇到的一些已命名的大数。从 100 万开始，我们几乎可以想象 100 万有多大，并且可以很容易把它完整写出来。

100 万：$1\,000\,000 = 10^6$

阿伏伽德罗常数：6.022×10^{23}

阿基米德沙数：$\sim 10^{63}$

可观测宇宙中基本粒子数：$\sim 10^{86}$

古戈尔：10^{100}

1 centillion：10^{303}，英文词典中以 -illion 结尾的最大的数

已知的最大素数：$2^{82\,589\,933}-1$（超过 2300 万位数字）

古戈尔普勒克斯：$10^{古戈尔} = 10^{10^{100}}$

（第一）斯奎斯数：$10\verb|^|10\verb|^|10\verb|^|34$

宇宙的庞加莱重现时间：$10\verb|^|10\verb|^|10\verb|^|10\verb|^|10\verb|^|1.1$

至此，排序都还是很简单的。我们所要做的就是看指数的大小，然后将数组织起来，使 10 的幂次逐渐增加。如果幂次是堆叠起来的，那么一般来说，堆叠得越高，数越大。另请注意，上述序列中有三个数分别来自化学、物理和宇宙学领域，其中两个是估计值。在宇宙的庞加莱重现时间（这是科学论文中提到的最大数值）之后，所有未来出现的数都将是纯数学的，在科学中没有已知的对应物。

扩展这个序列时，我们必须抛弃所有在中学里学到的书写数的熟悉方式，包括科学记数法。我们还必须放弃使用指数，甚至是堆叠的指数或幂塔，因为这些数太大了，根本无法用这种方式表示。相反，我们不得不求助于箭头表示法或与其等价的东西。在我们寻找最大的数的旅途中，接下来的三个里程碑都来自斯坦豪斯和莫泽的工作，以及他们那个将整数写在多边形、嵌套多边形和圆内的系统。

兆：介于 $10\uparrow\uparrow 257$ 和 $10\uparrow\uparrow 258$ 之间

megiston：介于 $10\uparrow\uparrow\uparrow 11$ 和 $10\uparrow\uparrow\uparrow 12$ 之间

莫泽数：介于 $2\uparrow^{兆-2} 3$ 和 $2\uparrow^{兆-2} 4$ 之间

对于兆和 megiston，我们已切换到高德纳向上箭头表示法，因为已经进入了四次迭代甚至更高层级的领域。兆远远大于我们能用指数形式合理书写的任何数。回顾一下两个向上箭头的含义：它是两个箭头之前的数的一个幂塔，其高度由箭头之后的数给出。所以，$10 \uparrow\uparrow 257$（$10 \wedge 10 \wedge \cdots \wedge 10$，其中省略号表示 10 的另外 254 层）比兆小。很明显，兆比佩奇提出的宇宙的庞加莱重现时间大得多，后者只比 $10 \uparrow\uparrow 4$ 略大一点。

我们一眼就能看出，由于多了一个向上箭头，megiston 使兆相形见绌。10 的第 11 个五次迭代比 10 的第 258 个四次迭代大得多（尽管 258 大于 11）。如果我们要用两个向上箭头表示 megiston，它将是

$$10 \uparrow\uparrow 10 \uparrow\uparrow 10 \cdots 10 \uparrow\uparrow 10 \uparrow\uparrow 10$$

一共有 11 个 10，由两个向上箭头隔开。这显然远超 $10 \uparrow\uparrow 257$ 或 $10 \uparrow\uparrow 258$，而兆就在这两个数之间。

但随后我们就来到了莫泽数，规模上有了巨大的飞跃——它比以前出现过的任何数都大得多。要计算莫泽数，我们必须操作（兆 − 2）个向上箭头。我们显然已经进入了一个数值巨人的领域，这使之前看到的所有一切数都显得微不足道，几乎与零无异。莫泽数是目前的冠军，但不会持续太久，因为接下来它必须对抗强大的葛立恒数。

我们在第 5 章分步构造了葛立恒数。从 g_1 开始，也就是

$$3 \uparrow\uparrow\uparrow\uparrow 3$$

按照正常标准，g_1 是一个巨大的数，因为它是六次迭代的结果。但它与莫泽数相比却微不足道。毕竟，莫泽数是用（兆 − 2）个向上箭头计算的，而 g_1 只用了 4 个向上箭头。但在计算葛立恒数的下一步时，一个巨大的跳跃出现了，因为 g_2 包含了 g_1 个向上箭头：

$$g_2 \longrightarrow \underbrace{3\uparrow\uparrow\cdots\cdots\uparrow\uparrow 3}$$
$$g_1 \longrightarrow 3\uparrow\uparrow\uparrow\uparrow 3$$

莫泽数用了不到 $10\uparrow\uparrow258$ 个向上箭头，而 g_2 用了 $3\uparrow\uparrow\uparrow\uparrow3$ 个向上箭头，这是六次迭代与四次迭代的对决。在莫泽数的情形，所操作的数再大一点也没什么区别——六次迭代获胜的优势非常大，因此 g_2 比莫泽数大得多。我们这才到计算葛立恒数的第二步，就已经把莫泽数远远甩在身后了，而后面还有 62 步。算出来的每个 g 值都是计算下一个 g 值时所需的向上箭头的数量，直至我们到达 g_{64}，我们的脑力跟不上了。另一种理解莫泽数和葛立恒数之间巨大鸿沟的方法是用康威链式箭头表示法。莫泽数小于 $3 \to 3 \to 4 \to 2$，而葛立恒数介于 $3 \to 3 \to 64 \to 2$ 和 $3 \to 3 \to 65 \to 2$ 之间。在解开链时，序列中第三个数的值对链的大小具有令人震惊的巨大影响。葛立恒数以巨大优势成为新的大数冠军——但同样，这也只是暂时的胜利。

序列 $g_1, g_2, \cdots, g_n$ 由以下递归关系非常简单地生成：

$$g_1 = 3 \uparrow\uparrow\uparrow\uparrow 3, \quad g_n = 3 \uparrow^{g_{n-1}} 3$$

所以，要定义一个比葛立恒数 g_{64} 更大的数很容易：只需令 $n = 65$。这就把我们带到了 g 数序列的下一步，在这一步里，我们用葛立恒数个向上箭头来生成 g_{65}：

$$g_{65} = 3 \uparrow^{\text{葛立恒数}} 3$$

更大的是 g_{66}，再大得多的是 $g_{\text{古戈尔}}$。不断说出越来越大的 n 值，就可以沿着无穷无尽的 g 数轴走得更远，这并不需要太多的创造力。如果你说 $g_{\text{古戈尔}}$，我可能会说 $g_{\text{古戈尔普勒克斯}}$，而你可能会回 $g_{\text{葛立恒数}}$。这些都是非常大的数，这是真的——它们比葛立恒数大多了。但它们都是用与生成葛立恒数相同的机制或函数产生的，并没有带来任何新的东西，因此，用大数数学的说法，它们只是沙拉数而已。

回到我们与太空旅行的类比，追求定义越来越大的数，就像努力达到宇宙中越来越远的天体。为了在合理的时间内，比如说在 10 到 50 年之间，将航天器送上其他星球，我们需要一个比化学火箭速度更高的推进系统。关于这样的系统人们提出了很多想法，包括 20 世纪 70 年代初提出的一项旨在建造大型无人飞船的代达罗斯计划，该飞船将使用一系列小型核聚变爆炸加速行至 6 光年外的巴纳德星附近，整个旅程持续约半个世纪。要在合理的时间内到达数千光年以外更遥远的恒星或跨越星系间的距离，就需要类似于《星际迷航》（*Star Trek*）中曲速引擎那样的东西。

冥王星、巴纳德星、银河系中心超大质量的黑洞和仙女座星系等太空中距离地球越来越远的特定对象，与越来越大的特殊的数（古戈尔、兆、葛立恒数等）颇有类似之处。在实际的时间尺度上到达这些宇宙天体的办法，从数学角度看，就相当于快速生成越来越大的数所需要的越来越强大的函数。

所有这一切都有很强的人为因素。就星际旅行而言，我们希望几十年内就能得到一些结果，因为这个时间长度在人类的寿命范围之内。已经进入星际空间的旅行者1号和2号最终将抵达最近的恒星，但不会在数万年内（届时航天器早已死亡）抵达。如果可以永生，我们可能会满足于等待几万年，然后看到机器人探测器拍摄的比邻星或天狼星系特写照片，但我们个人的前景和抱负是建立在不到一个世纪的时间尺度上的。

同样类型的思考也转移到了数学和我们沿着数轴达到越来越远距离的努力上。人们普遍认为，在某个柏拉图式的领域里，所有可能存在的数都是存在的，它们的所有位数完整排列在一起，直到永恒，而且所有数学上可能存在的东西都有一个永久的归宿。这个概念让人想起爱因斯坦的"块宇宙"，在这个宇宙中，所有的空间和时间，以及所有已经发生或将要发生的事件，都被描绘成一个完整不变的四维实体。作为人类，由于能力和资源有限，我们只能瞥见数学柏拉图王国或物理块宇宙的一小部分。就物理宇宙而言，我们使用了灵敏度和功率都在不断提高的仪器，以及速度更快、技术更先进的航天器，使更远的物体变得更清晰。在数学上，为了定义和达到越来越大的数，我们求助于增长越来越快的函数。

　　我们知道，从理论上讲，任何数，无论多大，都可以简单地通过一次向上加 1 得到，就像我们知道以步行速度前进总是可以到达目前可观测宇宙的边缘一样。但我们并不是长生不老的，不能以这种悠闲的方式实现目标，在数学上也没有储存结果的物理资源。我们的生命有限，需要在人类的时间尺度上得到结果。

　　因此，在寻找越来越大的数的过程中，我们需要寻找更快的方法来生成巨大的整数。正如我们在第 10 章中看到的那样，这类函数的基准是快速增长层级——这是一族由序数（包括有限序数和超限序数）标记的递归函数。这个层级的关键属性是，函数的输出会作为输入反馈到该函数的下一次迭代中，并且重复的次数由序数指标决定。

　　在主流数学和大数数学中，快速增长层级是衡量其他快速增长函数的强度，以及这些函数产生的数的相对大小的黄金标准。通常情况下，直接比较它们并不容易，甚至也不可能：用快速增长层级作为竞争函数的基准，并不像用尺子量距离那样简单直接。例如，我们无法准确地指出葛立恒数在快速增长层级量表上的确切位置。然而，对于特定的输入，我们有可能确定出层级中第一个无可辩驳地超过 g_{64} 的函数。推理如下：f_ω 与阿克曼函数大致相当，因此 $f_{\omega+1}$ 与迭代的阿克曼函数相当。葛立恒数与阿克曼数 $A(4)$ 的 64 次迭代相同——即 $A^{64}(4) = A(A(A\cdots A(4)\cdots))$，其中有 64 个括号，由此可知 $f_{\omega+1}(64) > g_{64}$。

我们在第 10 章中详细讨论的下一个可计算数是 TREE(3)。这是树函数 TREE(n) 在 $n = 3$ 时的值，出现在克鲁斯卡尔的树定理中。与葛立恒数相比，这是一个巨大的飞跃。TREE(3) 的最小值，也就是已经证明的下界，大于 $A^{A(187\,196)-2}(4)$。所以，尽管葛立恒数"只是" $A(4)$ 的 64 次迭代，但 TREE(3) 超过（甚至可能远远超过）了 $A(4)$ 的 $A(187\,196)-2$ 次迭代！至于 TREE 在快速增长层级中的位置，我们知道它的增长速度至少与小维布伦序数一样快，但也可能在更高的序数上。

正如 TREE(3) 比葛立恒数（其本身就大得惊人）大得难以理解一样，SCG(13) 也比 TREE(3) 大得难以理解。与 TREE(n) 一样，次立方图函数 SGC(n) 也是源于图论的一种超级快速增长函数，最早由美国逻辑学家弗里德曼定义。仅仅因为 SCG(13) 明显将 TREE(3) 远远甩在后面，它的具体值一直是许多大数研究的主题。事实上，已经证明 SCG(13) 可以取到的最小值是 $\text{TREE}^{\text{TREE}(3)}(3) = \text{TREE}(\text{TREE}(\cdots \text{TREE}(3)\cdots))$，其中有 TREE(3) 个括号。

比 SCG(13) 大得多的是洛德数——这是洛德在 2001 年大数烘焙比赛中获胜的 C 语言程序的输出。要准确解释洛德数并证明它甚至使 SCG(13) 相形见绌，需要深入到计算机科学的各个方面。其中之一是结构演算，而它又是 λ 演算的发展。λ 演算是邱奇在 20 世纪 30 年代引入的计算模型。在构造演算中，证明可以用二进制数的形式表示，表达式可以写成幂塔的形式。如果洛德的程序在一台内存无限的计算机上运行，则最终产生的数可以由 $D^5(99)$ 表示。函数 $D(n)$ 用来衡量结构演算中有多少个表达式可以在大约 $\log(n)$ 个推理步骤内得到证明。由于结构演算非常强大且表达效力极强，所以 $D(n)$ 的值随着 n 的增加而迅速上升。组织大数烘焙比赛的默夫斯证明了 $D(99)$ 大于 $2\!\uparrow\!\uparrow\!30\,419$，并且 $D^2(99) = D(D(99))$ 在快速增长层级中远大于 $f_{\varepsilon_0 + \omega^3}(1\,000\,000)$。洛德数等于 $D^5(99) = D(D(D(D(D(99)))))$ 的输出，它使 TREE(3) 和 SCG(13) 都相形见绌，成为我们当前新的冠军。至于 SCG 和洛德的 D^5 在快速增长层级中处于什么位置，我们一无所知，只知道它们远远超过了 TREE 的层级。默夫斯证明的洛德数的下界 $f_{\varepsilon_0 + \omega^3}(1\,000\,000)$ 是非常弱的，选择这个下界只是因为它足以表明洛德数击败了大数烘焙比赛的第二名。

更新一下本书中已命名的大数序列，从最小到最大，我们现在有：

100 万：$1\,000\,000 = 10^6$

阿伏伽德罗常数：6.022×10^{23}

阿基米德沙数：$\sim 10^{63}$

可观测宇宙中基本粒子数：$\sim 10^{86}$

古戈尔：10^{100}

1 centillion：10^{303}，英文词典中以 -illion 结尾的最大的数

已知的最大素数：$2^{82\,589\,933} - 1$（超过 2300 万位数字）

古戈尔普勒克斯：$10^{\text{古戈尔}} = 10^{10^{\wedge}100}$

（第一）斯奎斯数：$10^{\wedge}10^{\wedge}10^{\wedge}34$

宇宙的庞加莱重现时间：$10^{\wedge}10^{\wedge}10^{\wedge}10^{\wedge}10^{\wedge}1.1$

兆：介于 $10\uparrow\uparrow257$ 和 $10\uparrow\uparrow258$ 之间

megiston：介于 $10\uparrow\uparrow\uparrow11$ 和 $10\uparrow\uparrow\uparrow12$ 之间

莫泽数：介于 $2\uparrow^{\text{兆}-2}3$ 和 $2\uparrow^{\text{兆}-2}4$ 之间

葛立恒数：$g_{64} = A^{64}(4)$，介于 $3 \to 3 \to 64 \to 2$ 和 $3 \to 3 \to 65 \to 2$ 之间

TREE(3)：$> A^{A(187\,296)-2}(4)$

SCG(13)：$> \text{TREE}^{\text{TREE}(3)}(3)$

洛德数：$D^5(99)$

　　随着数值越来越大，把它们按大小顺序排列就变得越来越困难。主要原因是它们的定义方式完全不同。例如，TREE 函数和 SCG 函数都源于图论，而洛德数是某个程序的输出，该程序

用不超过 512 个字符的 C 语言编写（以符合大数烘焙比赛的规则），它将每个位模式（1 和 0）的长度限制在某个 n 以内，并将其表示为结构演算中的程序。我们不可能知道任何有关洛德数的具体信息，比如它包含多少位数字，或者如果能完整地写出来，它的最后几位数字是什么。然而，我们可以分析洛德数的核心函数 $D(n)$ 的增长情况，从而证明在 $n = 99$ 时，经过 D 的五次嵌套递归，$D^5(99)$ 远远超过了 SGC(13)。事实上，在所有情况下，一旦我们超出了葛立恒数的领域，我们就需要依靠粗略估计函数的增长率来帮助确定它们产生的数的相对大小。在本书中，我们遇到了很多看似随意的数字，例如 TREE(3) 和 SGC(13)。为什么不是 TREE(127) 或 SGC(42)，或我们凭空想到的其他任何数呢？答案是，在确定了某个函数的近似增长率之后，就有可能找到最小的特定输入，使函数输出的量级明显不同于竞争对手输出的量级。就 TREE 而言，从 TREE(2) 到 TREE(3)，数值的规模出现了惊人的爆炸式增长，这让 TREE(3) 立即成为大数名人堂中的一员。SGC(13) 随后成为明星，因为它是 SGC 序列中可证明的、使 TREE(3) 相形见绌的最小数。

坦率来说，给大数排名的另一个困难是对此感兴趣的职业数学家相对较少。这更像是一种消遣，而不是一个严肃的研究领域。这并不意味着没有才华横溢的数学家参与到大数学中来：如果没有的话，大数数学根本不会有任何进展。事实上，要彻底理解诸如洛德数是怎么回事，需要达到计算机科学和数理逻辑的研究生水平。但是，学术期刊上关于非常大的数的相对大小的文章仍然不多。在大多数情况下，任何同行评审都仅限于线上的大数论坛之类的地方。

尽管存在所有这些挑战，但我们还是可以自信地说，在我们的大数旅程中，洛德数目前处于领先地位。毫无疑问的是：

$$洛德数\ D^5(99) \gg SCG(13) \gg TREE(3) \gg 葛立恒数$$

不过，洛德的 $D^5(99)$ 并不是故事的结局，远远不是。很明显，下一级递归 D^6 的增长率高于 D^5，例如，$D^6(99)$ 必然要比 $D^5(99)$ 大很多。如果我们认为像 $D^{古戈尔普勒克斯}$（葛立恒数）这样的东西会使洛德的原始函数一落千丈，那么我们会变得更加无聊和缺乏创意。没有人喜欢自作聪明的沙拉数。也许，为了避免走上这样一条毫无意义的道路，我们应该把目前的大数冠军称为"洛德数或任何基于扩展洛德函数得到的更大输出"。同样的概括也适用于我们遇到的所有快速增长函数及其产生的任何特定的大数，但从现在开始，我们就当这一点是既定的。

洛德数无疑是有史以来定义的最大的可计算数之一。但它是一个有限终止算法的结果，这意味着从理论上讲，它可以以任何精度为我们所知。因为宇宙中没有足够的资源，我们无法真正地计算它，但这并不重要。根据定义，图灵机可以访问无限的内存和时间，可以计算出洛德数，以及我们迄今为止大数序列上的任何其他数。

然而，正如我们在第 11 章中看到的，也有一些不可计算的函数，其增长率最终必然会超过任何可计算函数。在这些不可计算的函数中，最著名的是拉多在 20 世纪 60 年代初首次描述的忙碌海狸函数。奇怪的是，正如我们所见，忙碌海狸函数是一个效率极低的计算机程序。事实上，这就是问题的关键。它是一个需要尽可能多的步数来实现给定目标的程序。对应的忙碌海狸步数 BB(n) 回答了这样一个问题：给定一定数量的规则，n，图灵机在停机之前最多可以执行多少步。忙碌海狸步数的序列以惊人的速度攀升，BB(2) $= 6$，BB(3) $= 21$，BB(4) $= 107$，但之后数字飙升：BB(6) 至少是 $7.4 \times 10^{36\,534}$；在 BB(17) 附近的某个地方，忙碌海狸步数序列就超过了葛立恒数。忙碌海狸步数加速得越来越快，直到不可避免地超过了洛德数和我们可以定义的任何更大的可计算数。没有人知道 n 取多少时 BB(n) 会超过 $D^5(99)$。但为了便于讨论，我们假设它是 1000，所以 BB(1000) ＞洛德数。事实是，无论哪个数排在我们的可计算数序列前面，都必然会有某个特定的忙碌海狸步数超过它。

如果我们假设有可以解决停机问题的超级图灵机，那么就有可能扩展忙碌海狸步数的概念。这些更高级的图灵机会产生一系列增长更快的"超级忙碌海狸步数"，而这个序列又会被"超级超级忙碌海狸步数"超越，以此类推。但这个想法还没有定义完善，而且，无论如何，这只是基础忙碌海狸主题的一个变体。

霍洛姆的 iota 函数很新颖，但缺乏任何形式主义的表象。根据定义，它会以最优方式在时间尺度的每个时刻吸收其他所有函数，从而产生最大可能的输出。我们无法从数学上分析 iota 函数，它仍然只是一个富有想象力的设想和一种哲学思辨。

这样一来，从职业数学的角度来看，就只剩下一个真正值得添加到我们序列末尾的数了。它概念新颖，定义合理，规模惊人。大家一致认为，它是有史以来最大的有限数（如果不是最大的，也是之一），因此，我们将它加冕为本书讨论的最终冠军。大数对决的获胜者和世界上最大的数的提名者是：拉约数 $R(10^{100})$。拉约对拉约数的形式定义包含了集合论语言中大约 10 行的符号和表达式，对于没有在大学阶段深入研究过集合论的人来说，这和天书差不多。它的一个简化版本是这样的："在一阶集合论的语言中，比包含不超过 1 古戈尔个符号的表达式可以命名的有限正整数都大的最小正整数，即 $R(10^{100})$。"在一些合理的假设下，这归结为断言拉约函数 $R(n)$ 超过了在大多数现代数学中所使用的标准公理系统下可定义的其他所有函数。

目前，当谈到我们可以理智讨论的最大的整数时，拉约数或多或少标志着与未知的界限。人们试图定义更大的数，取了一些奇怪的名字，如 Fish 7、UTTER OBLIVION 和 BIG FOOT 等。最后一个是 2014 年由一个绰号叫 Wojowu 的大数数学家宣布的，它将与构建拉约数类似的策略，应用到了一个 Wojowu 称为 oodleverse 的新领域。要想深入了解这个怪异的世界，首先要学习一阶 oodle 理论的语言（这是标准一阶集合论的扩展）——如果你有更高的数学学位和奇怪的幽默感，这是一项最好的冒险。不幸的是，事实上 oodle 理论并不相容，这使得 BIG FOOT 定义不清。

洛德数和拉约数分别在我们最大的可数数和不可数数排行榜上名列第一，它们都是因为比赛而产生的。也许是时候再举办一场比赛来激发全新的想法了！在那之前，为了在数轴上走得更远，大数数学家可能需要依靠与拉约相同的技巧，将其应用到强化版的一阶集合论。宇宙学家努力想要更清楚地看到可观测宇宙的边缘，并设法了解在那之外可能存在的东西；数学家则着眼于他们自己学科的最远极限。

与此同时，我们不能再忽视从本章开始就一直坐在房间里的大象了。我们清楚地知道，最小的超限数——阿列夫零，比我们能说出的任何有限数都大。我们也知道，有无穷多的阿列夫，每一个都比前一个大无穷多。然而，数学家可以想象大小超过任何能想象到的阿列夫的基数。要做到这一点，他们必须超越其学科的通常基础，诉诸所谓的强迫公理——这是由前文提到过的克莱尼开创的技术。这就导致了大基数的概念。大基数是谦虚的说法，实际上它们巨大无比，包括那些有特殊名称的基数，如马洛基数和超紧基数。

最后（至少现在是这样），还有绝对无穷的概念，有时用

Ω 表示——这是一个超越其他所有无穷的无穷。康托尔本人也谈到过它，但主要是在宗教方面。康托尔是一名虔诚的路德教徒，他的基督教信仰偶尔会出现在他的学术著作中。对他来说，Ω 如果存在，也只能存在于他所信奉之神的脑海中。在此基础上，Ω 无非是一种宏大的形而上学的推测。纯粹依靠数学是无法严格定义绝对无穷的，所以，除非接受这种哲学上的推测能得到更好的结果，数学家往往会忽略它。人们可能倾向于将其刻画为集合构成的宇宙（即所谓的冯·诺依曼宇宙）中元素的数量。但冯·诺依曼宇宙实际上并不是一个集合（而是集合的类），因此它不能用来定义任何特定类型的无穷，无论是基数还是序数。更有争议的是，Ω 可能被认为是 1 除以 0 最合理的结果。这不是数学中常规定义的程序，尽管它可以在某些形式的几何中完成，如射影几何，其中有无穷远点或无穷远直线的概念。对 Ω 的探索将继续成为对未来几代数学家、逻辑学家和哲学家的挑战。与此同时，我们有很多的无穷，每一个都比前一个大无穷多，让我们的大脑忙个不停。

世界上最大的数是什么？这要看我们说的是哪个"世界"。在迄今为止我们所探索的那部分数学宇宙中，我们可以明智地回答"拉约数"。但未来会有很多惊喜，我们进入数字宇宙无限深处的旅程才刚刚开始……

附录 人名对照表

英文	中文译名
Abu'l Hasan ibn Ali al Qalasadi	卡拉萨迪
Adam Elga	叶尔加
Adam Goucher	古彻
Agustin Rayo	拉约
Alan Turing	图灵
Albert Einstein	爱因斯坦
Alexander K. Dewdney	德尼
Alfred Tarski	塔斯基
Allen Brady	布雷迪
Alonzo Church	邱奇
Alphonse de Polignac	波利尼亚克
Amedeo Avogadro	阿伏伽德罗
Andrew Wiles	怀尔斯
Anton Purisima	普里西马
Archimedes	阿基米德
Aristarchus	阿利斯塔克
Aristide Marre	马尔
Aristotle	亚里士多德
Arjuna	阿周那
Arthur C. Clarke	克拉克
Arthur Dent	登特
Arthur Eddington	爱丁顿
Bachmann	巴赫曼

（续表）

英文	中文译名
Carl Gauss	高斯
Carnera	卡内拉
Cem Yildirim	耶尔德勒姆
Charles de la Vallée Poussin	普桑
Claude Shannon	香农
Daniel de Bruin	德布鲁因
Daniel Goldston	戈德斯通
David Hilbert	希尔伯特
David J. Bruton	布鲁顿
David Moews	默夫斯
David Seetapun	西塔潘
David Slowinski	斯洛文斯基
Derrick Henry Lehmer	莱默
Don Page	佩奇
Donald Knuth	高德纳
Douglas Adams	亚当斯
Edward Kasner	卡斯纳
Edwin Sirotta	埃德温·西罗蒂
Emil Post	波斯特
Eryk Lipka	莉普卡
Estienne de la Roche	罗什
Euclid	欧几里得
Ford Prefect	派法特
Frank Ramsey	拉姆齐
G. H. Hardy	哈代
Gabriel Sudan	苏丹
Gautama Buddha	佛陀
Geneviève Guitel	吉特尔

（续表）

英文	中文译名
Georg Cantor	康托尔
George Uhing	乌兴
Glon	革隆
Gottfried Leibniz	莱布尼茨
H. G. Wells	威尔斯
Hans Maurer	毛雷尔
Hans-Joachim Bremermann	布雷默曼
Harry Nelson	纳尔逊
Harvey Friedman	弗里德曼
Haskell Curry	柯里
Heiner Marxen	马克森
Henri Poincaré	庞加莱
Hermann Weyl	外尔
Howard	霍华德
Hugo Steinhaus	斯坦豪斯
Ian Stewart	斯图尔特
Ibn Khallikan	哈利坎
Isaac Asimov	阿西莫夫
Isaac Newton	牛顿
Jacob Bekenstein	贝肯斯坦
Jacques Hadamard	阿达马
James Newman	纽曼
Jean Perrin	佩兰
Jesse Anderson	安德森
Johann Lambert	兰贝特
Johannes Kepler	开普勒
John Conway	康威
John Edensor Littlewood	李特尔伍德

（续表）

英文	中文译名
John Mackey	麦基
John von Neumann	冯·诺依曼
Jonathan Basile	巴齐尔
Jonathan Bowers	鲍尔斯
Jorge Luis Borges	博尔赫斯
Joseph Kruskal	克鲁斯卡尔
Jules Verne	凡尔纳
János Pintz	平茨
Jürgen Buntrock	邦特罗克
Karl Weierstrass	魏尔斯特拉斯
Kurt Gödel	哥德尔
Kurt Schütte	舒特
Larry Page	佩奇
Leo Moser	莫泽
Leonhard Euler	欧拉
Leopold Kronecker	克罗内克
Lothar Collatz	科拉茨
Ludovic Patey	帕泰
Ludwig Wittgenstein	维特根斯坦
Marin Mersenne	梅森
Martin Gardner	加德纳
Mary Tiles	蒂勒斯
Maurits Escher	埃舍尔
Max Planck	普朗克
Michael Atiyah	阿蒂亚
Michael Stifel	施蒂费尔
Mikhail Lavrov	拉夫罗夫
Milton Sirotta	米尔顿·西罗蒂

（续表）

英文	中文译名
Mitchell Lee	李
Moses Schönnkel	舍芬克尔
Muhammad ibn Musa al-Khwarizmi	花拉子米
Nick Bromer	布罗默
Nicolas Chuquet	许凯
Pascal Michel	米歇尔
Paul Cohen	科恩
Paul Erdős	埃尔德什
Pavel Kropitz	克罗皮茨
Peano	皮亚诺
Pierre de Fermat	费马
Pindar	品达
Ralph Loader	洛德
Ramanujan	拉马努金
Raphael Robinson	罗宾逊
René Descartes	笛卡儿
Reuben Goodstein	古德斯坦
Richard Dedekind	戴德金
Richard Feynman	费恩曼
Richard Guy	盖伊
Rudy Rucker	拉克
Rózsa Péter	佩特
Sbiis Saibian	赛比安
Scott Aaronson	阿伦森
Sean Anderson	安德森
Sergey Brin	布林
Seth Lloyd	劳埃德
Shakespeare	莎士比亚

英文	中文译名
Sherman Lehman	雷曼
Shirham	舍罕王
Siobhan Roberts	罗伯茨
Sissa ben Dahir	达依尔
Solomon Feferman	费弗曼
Stanislaw Ulam	乌拉姆
Stanley Skewes	斯奎斯
Stefan Banach	巴纳赫
Stefan O'Rear	奥雷尔
Stefanie Zegowitz	泽戈维茨
Stephen Hawking	霍金
Stephen Kleene	克莱尼
Susan Wojcicki	沃基奇
Theodore Slaman	斯拉姆曼
Tibor Radó	拉多
Veblen	维布伦
Wilhelm Ackermann	阿克曼
Wolfgang Pauli	泡利
Yuri Matiyasevich	马蒂亚谢维奇
Émile Borel	博雷尔

致　谢

达林：我要一如既往地感谢我的家人，特别是我的妻子吉尔（Jill），感谢她永不厌倦的爱和鼓励。还要感谢我在数学上的朋友巴克（Andrew Barker），他提出了很多有益的意见和建议。

班纳吉：我要感谢我的父母为我所做的一切，还要感谢我的弟弟阿利安（Aaryan）每天激励我。

我们感谢 Oneworld 出版社的编辑卡特（Sam Carter），感谢他在我们写作本书和之前"奇怪的数学"系列的过程中提供的专业建议和指导。我们也要感谢出版社其他所有帮助我们完成这个项目的优秀工作人员。

延伸阅读

Aczel, A. D. 2001. *The Mystery of the Aleph: Mathematics, the Kabbalah, and the Search for Infinity.* New York: Pocket Books.

Asimov, I. 1976. *Skewered!, Of Matters Great and Small.* New York: Ace Books.

Boolos, G. S., Burgess, J. P. and Jeffrey, R. C. 2007. *Computability and Logic* (5th ed.). Cambridge: Cambridge University Press.

Conway, J. H. and Guy, R. K. 1996. *The Book of Numbers.* New York: SpringerVerlag.

Darling, D. and Banerjee, A. 2018. *Weird Maths.* London: Oneworld.

Davis, P. J. 1961. *The Lore of Large Numbers.* New York: Random House.

Drake, F. R. 1974. *Set Theory: An Introduction to Large Cardinals.* (New York: Elsevier Science.

Elliott, A. 2018. *Is That a Big Number?.* Oxford: Oxford University Press.

Gamow, G. 1947, 1988. *One, Two, Three... Infinity: Facts and Speculations of Science.* London: Viking; reprinted in paperback by Dover.

Kanigel, R. 1991. *The Man Who Knew Infinity: A Life of the Genius Ramanujan.* New York: Washington Square Press.

Kasner, E. and Newman, J. 1940. *Mathematics and the Imagination.* New York: Simon and Schuster.

Lavine, S. 1994. *Understanding the Infinite.* Cambridge, Mass.: Harvard University Press.

Moore, A. W. 1990. *The Infinite*. New York: Routledge.

Nowlan, R. A. 2017. 'Large and Small', in *Masters of Mathematics*. Rotterdam: Sense Publishers, pp. 217–27

Rucker, R. 2005. *Infinity and the Mind*. Princeton, New Jersey: Princeton University Press.

Schwartz, R. E. 2014. *Really Big Numbers*. Providence, Rhode Island: American Mathematical Society.

Wallace, D. F. 2004. *Everything and More: A Compact History of Infinity*. New York and London: W.W. Norton & Company, Inc.

Wells, D. 1997. *The Penguin Dictionary of Curious and Interesting Numbers*. London: Penguin Books.

参考文献

第 1 章：沙粒和星星

Ifrah, G. 2000. *The Universal History of Numbers*. London: Harvill.

Knuth, D. E. 1981. "Supernatural Numbers", in *The Mathematical Gardner*, ed. D. Klarner. Boston, Mass.: Springer. pp. 310–325.

Nowlan, R. A. 2017. "Large and Small", in *Masters of Mathematics*. Rotterdam: Sense Publishers. pp. 217–227.

Vardi, I. Archimedes, *The Sand Reckoner*.

第 2 章：现实的极限

Bekenstein, J. D. 1981. "Universal upper bound on the entropy-to-energy ratio for bounded systems", *Physical Review* D. 23 (2), pp. 287–298.

Dirac, P.A.M. 1974. "Cosmologicalmodelsandthe Large Numbers hypothesis", *Proceedings of the Royal Society of London. A. Mathematical and Physical Sciences*, 338 (1615), pp. 439–446.

Eddington, A. 1923. *The Mathematical Theory of Relativity*. Cambridge: Cambridge University Press.

Lloyd, S. 2000. "Ultimate physical limits to computation", *Nature*, 406 (6799), pp. 1047–1054.

Markov, I. 2014. "Limits on Fundamental Limits to Computation", *Nature*, 512 (7513), pp. 147–154.

Page, D. N. 1994. "Information Loss in Black Holes and/or Conscious Beings?".

第 3 章：数学无界

Anderson J. 2004. "Iterated exponentials", *The American Mathematical Monthly*, 111 (8), pp. 668–679.

Bloch, W. G. 2008. *The Unimaginable Mathematics of Borges' Library of Babel*. Oxford: Oxford University Press.

Moroni, L. 2019. "The strange properties of the infinite power tower".

Shannon, C. 1950. "XXII. Programming a Computer for Playing Chess", *Philosophical Magazine*, series 7, 41 (314).

Skewes, S. 1933. "On the Difference $\pi(x) - Li(x)$", *Journal of the London Mathematical Society*, 8, pp. 227–283.

Skewes, S. 1955. "On the Difference $\pi(x)-Li(x)$, II", *Proceedings of the London Mathematical Society*, 5, pp. 48–70.

第 4 章：向高处，向远处

Guy, R. K. and Selfridge, J. L. 1973. "The Nesting and Roosting Habits of the Laddered Parenthesis", *American Mathematical Monthly*, 80, pp. 868–876.

Knuth, D. E. 1976. "Mathematics and Computer Science: Coping with Finiteness", *Science*, 194 (4271), pp. 1235–1242.

Steinhaus, H. 1950. *Mathematical Snapshots*. Oxford: Oxford University Press.

第 5 章：一掠而过的 g 数

Barkley, J. 2008. "Improved lower bound on a Euclidean Ramsey problem". https://arxiv.org/pdf/0811.1055.pdf.

Gardner, M. 1977. "Mathematical Games", *Scientific American*, 237 (5), pp. 18–28

Graham, R. L. and Rothschild, B. L. 1971. "Ramsey's theorem for n-parameter sets", *Transactions of the American Mathematical Society*, 159, pp. 257–292.

Graham, R. L. and Rothschild, B. L. 1978. "Ramsey Theory", in *Studies in Combinatorics*, ed. G-C Rota. Washington: Mathematical Association of America.

pp. 80–99.

Lavrov, M., Lee, M. and Mackey, J. 2014. "Improved upper and lower bounds on a geometric Ramsey problem", *European Journal of Combinatorics*, 42, pp. 135–144.

McWhirter, N. 1980. *Guinness Book of World Records*. New York: Sterling. p. 193.

第 6 章：康威链

Bailer — Jones, C. A. and Farnocchia, D. 2019. "Future Stellar Flybys of the *Voyager* and *Pioneer* Spacecraft", *Research Notes of the American Astronomical Society*, 3 (4).

Conway, J. H. and Guy, R. K. 1996. *The Book of Numbers*. New York: Springer-Verlag.

Gardner, M. 1970. "Mathematical Games-The fantastic combinations of John Conway's new solitaire game 'life'", *Scientific American*, 223 (4), pp. 120–123.

Roberts, S. 2015. *Genius at Play: The Curious Mind of John Horton Conway*. New York: Bloomsbury.

第 7 章：阿克曼和递归的力量

Ackermann, W. 1928. "Zum Hilbertschen Aufbau der reellen Zahlen", *Mathematische Annalen*, 99, pp. 118–133.

Dötzel, G. 1991. "A function to end all functions", *Algorithm: Recreational Programming*, 2, pp. 16–17.

Reid, C. *Hilbert*. 2012. New York: Copernicus.

第 8 章：如果可以的话，算一算！

Gardner, M. 1977. "Mathematical Games", *Scientific American*, 237 (5), pp. 18–28

Hodel, R. E. 2013. *An Introduction to Mathematical Logic*. New York: Dover.

Minsky, M. 1967. *Computation: Finite and Infinite Machines*. Englewood Cliffs, New Jersey: Prentice Hall.

Smith, P. 1967. *An Introduction to Gödel's Theorems*. Cambridge: Cambridge University Press.

Sudkamp, T. A. 2005. *Languages and Machines: An Introduction to the Theory of Computer Science*. New York: Pearson.

Turing, A. M. 1937. "On Computable Numbers, with an Application to the *Entscheidungsproblem*", *Proceedings of the London Mathematical Society*, s 2–42, pp. 230–265.

第 9 章：无穷之事

Cantor, G. 1955. *Contributions to the Founding of the Theory of Transfinite Numbers*, ed. P. Jourdain. New York: Dover.

Dauben, J. W. 1983. "Georg Cantor and the Origins of Transfinite Set Theory", *Scientific American*, 248 (6), pp. 122–131.

第 10 章：快速增长

Buchholz, W. and Wainer, S. S. 1987. "Provably Computable Functions and the Fast Growing Hierarchy", in *Logic and Combinatorics*, ed. S. Simpson, vol. 65. Providence, Rhode Island: American Mathematical Society. pp. 179–198.

Schmidt, D. 1977. "Built-up systems of fundamental sequences and hierarchies of number-theoretic functions", *Archiv für mathematische Logik und Grundlagenforschung*, 18, pp. 47–53.

Weiermann, A. 1997. "Sometimes slow growing is fast growing", *Annals of Pure and Applied Logic*, 90 (1–3), pp. 91–99.

第 11 章：不要计算！

Aaronson, S. 2020. "The Busy Beaver Frontier", *ACM SIGACT News*, 51 (3), pp. 32–54.

Ben-Amram, A. M. and Petersen, H. 2002. "Improved Bounds for Functions Related to Busy Beavers", *Theory of Computing Systems*, 35, pp. 1–11.

Chaitin, G. J. 1987. "Computing the Busy Beaver Function", in *Open Problems in Communication and Computation*, ed. T. M. Cover and B. Gopinath. New York: Springer. pp. 108–112.

Dewdney, A. K. 1984. "Computer Recreations: A computer trap for the busy beaver, the hardest working Turing machine", *Scientific American*, 251 (2), pp. 10–17.

Dewdney, A. K. 1985. "Five-state Busy Beaver Turing Machine Contender", *Scientific American*, 252 (4), p. 30.

Marxen, H. and Buntrock, J. 1990. "Attacking the Busy Beaver 5", *Bulletin of the EATCS*, 40, pp. 247–251.

Michel, P. 2009. "The busy beaver competition: a historical survey". https://arxiv.org/pdf/0906.3749.pdf.

Radó, T. 1962. "On non-computable functions", *Bell System Technical Journal*, 41 (3), pp. 877–884.

Siegelmann, H. T. 1995. "Computation Beyond the Turing Limit", *Science*, 268 (5210), pp. 545–548.

第 12 章：大数数学家的奇异世界

Aaronson, S. 1999. "Who Can Name the Bigger Number?".

Aaronson, S. 2020. "The Busy Beaver Frontier", *ACM SIGACT News*, 51 (3), pp. 32–54.

Michel, P. 1993. "Busy beaver competition and Collatz-like problems", *Archive for Mathematical Logic*, 32 (5), pp. 351–367.

第 13 章：超越之桥

Eriksson, K., Estep, D. and Johnson, C. 2003. "17 Do Mathematicians Quarrel? § 17.7 Cantor Versus Kronecker", in *Applied Mathematics: Body and Soul: Volume 1: Derivatives and Geometry in IR3*. New York: Springer. pp. 230–232.

Hollom, L. *Iota function*.

Patey, L. and Yokoyama, K. 2018. "The proof-theoretic strength of Ramsey's theorem for pairs and two colors", *Advances in Mathematics*, 330, pp. 1034–1070.

Tait, W. W. 2002. "Remarks on finitism", in *Reflections on the Foundations of Mathematics: Essays in Honor of Solomon Feferman*, ed. W. Sieg, R. Sommer and C. Talcott. Natick, Mass.: A K Peters Ltd. pp. 407–416.

Tiles, M. 2004. *The Philosophy of Set Theory: An Historical Introduction to Cantor's Paradise*. New York: Dover.

Wolchover, N. 2013. "Dispute over Infinity Divides Mathematicians", *Scientific American*.

第 14 章：最大的数

Crandall, R. E. 1997. "The Challenge of Large Numbers", *Scientific American*, 276 (2), pp. 74–78.

Singh, D. and Singh, J. N. 2007. "von Neumann Universe: A Perspective", *International Journal of Contemporary Mathematical Sciences*, 2, pp. 475–478.

译后记

　　世界上有最大的数吗？在不加任何修饰限定的情况下，答案显然是否定的：无论你说出多大的一个数，通过简单的"加1"我们就可以得到一个更大的数。但探寻最大的数这一问题并没有就此终结，因为我们真正感兴趣的，是那些大且"有意义"的数。这种意义既可以来自现实的物理世界，也可以来自抽象的数学世界：一个单纯大的数在我们这里是没有价值的。

　　大数探索肇始于东西方哲人对宇宙的描述和思考：阿基米德试图用沙粒填满古希腊人认知的直径两光年的宇宙，而佛陀遍历了梵文辞典来激发普罗大众对宇宙的敬畏——两者持有截然不同的目的。在大数领域，我们最为关心的是两个问题：一是给出大数的具体例子，二是如何生成和表示大数。本书的前3章提供了诸多大数的实例，进而阐释了第一个问题。现实的物理世界中出现的大数，有的来自"当微小实体组成巨大实体时必然出现大数"这样的哲学（例如阿伏伽德罗常数），有的来自实际限制下计算能力的极限（例如布雷默曼极限和贝肯斯坦上限），还有的来自概率（例如宇宙的庞加莱重现时间，这也是现实的物理世界所能提供的最大的数）；而在抽象的数学世界中，由于没有物质、能量、空间和时间的限制，我们可以得到远比庞加莱重现时间大得多的数字：它们可能出自某个数学问题的上界（例如与素数分布相关的斯奎斯数，与图着色问题相关的葛立恒数），也可能源于组合（例如国际象棋问题中的香农数）或者概率（例如猴子和打字机）。

在浏览完大数的例子之后，我们将从第 4 章开始，目睹不同时期的数学工作者们如何持灯接力，来提出新的生成和表示大数的方案。一些大数以及达到这些大数的巧妙方案，是他们在业余时间作为消遣想出来的；而另一些则是为了解决数学中的特定问题而设计的。其中有两种方案值得特别关注：一种是调用递归（分为原始和非原始递归），这类方案的例子包括起始自后继、加法、乘法和幂运算的超运算序列，以及广为中文互联网读者熟知的高德纳箭头和康威链等；另一种是利用快速增长的函数（分为可计算和不可计算函数），这类方案的例子包括与图论相关的 TREE 函数以及与停机问题相关的忙碌海狸函数等。而比较不同的快速增长函数的速度，就将我们引入有限与无穷之间的幽暗之地，并有机会重新审视数学中集合论的公理基础。

这里我们需要强调的是，这些生成和表示大数的方案必须"本质上"是新的。因为对于任何给定的大数，一旦被明确定义之后，我们无须任何技巧就可以跳到下一个比它更大的数字。例如从葛立恒数开始，我们可以用达到葛立恒数的那种方法得到一个更大的数，但这种操作并没有带来真正的突破：我们仍然位于葛立恒数的领域。这也是大数爱好者们取得共识需要首先排除的情况——即任何把现有的数字或函数丑陋地杂凑在一起、试图超越某个原有的大数或快速增长函数的做法，都不被视作有新的贡献，都是所谓的"沙拉数"。

在上述约定之下，本书最后一章给出本书中终极大数的答案：在迄今为止我们所探索的那部分数学宇宙中，最大的数是"拉约数"，而它或多或少地标志着我们与未知的界限。

这是我作为译者接手的第二本书。从文字方面讲，与翻译第一本书一样，忠实于原文、不随意延展和扩大原文含义依然是我的首要考量。在翻译这本书时，我尽量留意，避免不自觉地使用带有明显翻译色彩的西式中文，但最终效果如何，仍有待各位评判；从内容方面讲，大数对我这样一位数学工作者来说也是一个全新的领域，因而译文中各种错误甚至荒谬之处在所难免，恳请读者朋友指正。感谢 Carol，感谢好友林逸凡在翻译过程中提供协助，感谢编辑云逸及其同事专业且耐心细致地审阅原稿，特别感谢卢源老师敏锐地注意到了原文的一些错误，这极大地改进了本书。他们对细节近乎完美的执着常使我惭愧。

余光中先生说翻译如婚姻，是一种两相妥协的艺术。希望我能把文字间的这种感受，传达给你。

张旭成

2023 年 7 月于静斋